JN046897

組成データ
解析入門

パーセント・データの
問題点と解析方法

太田　亨［著］

朝倉書店

◆ はじめに ◆

本書は，パーセント・データ (百分率)，もしくは，ppm データ (百万分率) などのデータ形式を解析する際の問題点を整理する．そして，その問題点の解決方法を紹介する．しかし，パーセント・データの問題点といわれても，本書が何を問題にしているのか，見当がつかないかもしれない．そこで，どのような内容を解説するのかを実感できるように，問題の一面を簡単な例にて示したい．

選挙結果の得票率

	与党	野党 1	野党 2
前回	50%	30%	20%
今回	67%	20%	13%

上の表は，ある選挙における，与党・野党 1・野党 2 の得票率を示しているとする．この表で示されている得票率は，本書の課題であるパーセント・データによる表記ということになる．前回の選挙と今回の選挙では各党の得票率に変化があったようである．そうなると，何が起きたのか解明したいという動機が生まれる．そこで，上記の表のパーセント・データの内容を元にして，以下の 3 つのシナリオが提唱されたとしよう．

太郎解説員の「与党躍進シナリオ」:

最近の政権与党の政治手腕が，外交・内政すべてにおいて高く評価された．そのために，前回の選挙よりも今回の選挙において，与党の得票のみが増加し，野党は無風状態だったという解釈を主張したとしよう．たとえるのなら，下表のような得票結果だったとする．

	与党	野党 1	野党 2
前回	15 万票	9 万票	6 万票
今回	30 万票	9 万票	6 万票

次郎解説員の「野党低迷シナリオ」:

与党に対する評価は「可もなく不可もなし」で無風だったが，野党の働きぶりに失望感が漂った．そのために，今回，与党の得票には変化がなく，野党 1 と野党 2 の得票が減少したという解釈を主張した．たとえるのなら，下表のような得票結果だったとしよう．

	与党	野党 1	野党 2
前回	15 万票	9 万票	6 万票
今回	15 万票	4.5 万票	3 万票

三郎解説員の「政治無関心シナリオ」:

広く政治不信が広まり，今回，与党も野党も評価されなかった．そのために，すべての党が票を減少させたという解釈を主張したとする．たとえるのなら，下表のような得票結果だったとしよう．

	与党	野党 1	野党 2
前回	15 万票	9 万票	6 万票
今回	10 万票	3 万票	2 万票

パーセント・データしか手元に与えられていない場合，上記の太郎シナリオ，次郎シナリオ，三郎シナリオのいずれの解釈も成立してしまう．あるいは，上記の 3 つだけでなく，もっと複雑なシナリオも成立する．すなわち，パーセント・データでは，複数の解釈が成立し，その中から都合の良い解釈を選ぶということが可能となってしまう．

これでは，日常生活や科学の現場でパーセント・データは使えないということになってしまう．

上記の事例で紹介したような問題を，パーセント・データが内包していることを十分に認識している人が大多数であろう．ただし，パーセント・データの抱えている問題点は，上記の事柄のみでなく，ほかにも多数ある．ところが，一体全体,「何が問題なのか」，そして,「問題のある利用方法とは何なのか」が，必ずしも周知されているとはいえないと感じる．この要因は，やはり，パーセント・データの問題点と，その正しい解析方法を日本語で総括した解説書が存在しないことによるのだろう．この観点が，本書の執筆を思い立った経緯である．

本書では第1章で，パーセント・データをどのように扱うと問題があるのかを，具体例を交えながら紹介する．そして，その問題点の克服方法が3つ存在することを第2章，第3章，第4章それぞれにて紹介する．それらの解決方法も，できるだけ数学表現は最小限に抑えて，図表を用いてビジュアル重視にて解説する．したがって，本書はパーセント・データの取扱いにおける問題提起にとどまらずに，その解決方法も提示する構成になっている．また，紹介したパーセント・データの解析方法を読者各自で実行できるように統計ソフト (R など) の操作方法も紹介していく．

本書の内容はアイチソン氏が1986年に著した書籍“*The Statistical Analysis of Compositional Data*”の内容に依存するところが大きい．同書は，地質学 (Cardenas *et al.*, 1996)・生物学 (Brandt *et al.*, 2005)・社会科学 (Katz and King, 1999)・経済学 (Wyatt, 2005)・考古学 (Heidke and Miksa, 2000)・化学 (Aruga, 2004)・医学 (Etzioni *et al.*, 2005) という広い分野で引用されていることからも，その内容の重要性が窺える．しかし，本書は，この Aitchison (1986) の単なる和訳本という構成にしなかった．その第一の理由は，Aitchison (1986) では数学的に難解な部分が，どうしても多い内容となっているので，その方法論の普及・裾野を広げる目的には「意訳」が必要なのであろうと考えたからである．また，第二の理由に，Aitchison (1986) の公表以降，特に西暦2000年前後の20年間でパーセント・データの解析方法に，新たな進展が見られた．そこで，本書は Aitchison (1986) とその後の進展内容も取り込んだ構成とした．特に，第4章で紹介するパーセント・データの問題点の解決方法の一つである「絶対量変動法」は Aitchison (1986) やその関連書籍・論文では，あまり触れられていない内容である．

本書はパーセント・データを扱う，さまざまな業界の人にも読めるように編成したつもりであるが，筆者の専門は地質学であるので，本書で示す具体例のデータは地質学分野のものが多くなっていることについてはご了承いただきたい．必要に応じて，各分野における適切なデータに置き換えて読み進めていただければ幸いである．

2023 年 5 月

太田　亨

◆ 目　　次 ◆

1

定数和制約

◆ 1.1　組成データの定数和制約とは何か ◆

日常生活において，さまざまな数値を活用することがある．これらの数値の一種として，パーセント・データも日常的に利用されてきたデータ形式であろう．ただ，日常に浸透したために，立ち返ってパーセント・データ独自の性質に注目することが少なくなってきたのではなかろうか．本章では，パーセント・データの特性と解析する際の問題点である「定数和制約」を整理する．まずは，パーセント・データの性質と問題点の研究史を再訪して，何が問題なのかをみてみる．

1.1.1　定数和制約の研究史

a.　問題の認知

パーセント形式のデータは，日常生活，あるいは，科学の世界では広く活用されている．特に，地球科学や地質学の分野では，パーセント形式のデータの活用が標準となっている．たとえば，岩石試料の化学組成を示す際などに，パーセント・データが活用されてきた．これらの百分率 (%) や百万分率 (ppm) 形式のデータの特徴としては，(1) 変数がすべて正の値をもち，(2) パーセント形式であれば，個々の変数は 0〜100 までの「有限区間」の数値しかもてず，(3) 変数の総和が 100 という定数 (一定) になるという特徴がある．Aitchison (1986) は，このような形式のデータを組成データ (compositional data) と総称した．また，主に社会科学分野においては，このようなデータをイプサティブ・データ

(ipsative data) と呼称するようである (たとえば，Chan and Bentler, 1993). しかし，本書では Aitchison (1986) の用語法に従って，組成データと統一して呼ぶことにする.

組成データの活用 (パーセント・データ化) によって，さまざまな定量的データをすべて同じ尺度水準で均一化できる利点がある．しかし，その反面，組成データでは，変数の総和が一定に規格化 (総和 = 100) されているためにさまざまな制約条件が発生する．これら組成データに内在する制約条件を定数和制約 (constant-sum constraint: Aitchison, 1986) と呼ぶ．地質学分野においては，組成データには定数和制約が存在するために，科学的諸問題を解決する根拠データとしての欠点が古くから指摘されてきた.

最も古くは 19 世紀に，McAlister (1879) が，組成データのようなデータ形式には統計学的推定や検定に利用可能な確率密度関数が存在しないことを指摘している．また，Pearson (1897) は，ピアソン自身が開発した「ピアソンの相関係数」を組成データに適用することの問題点を指摘している (この点については，1.4 節で詳しく紹介する)．その後も 20 世紀に，主に地質学の分野において，組成データの問題点に対する警鐘が繰り返し鳴らされてきた (たとえば，Chayes, 1949; 1960; Chayes and Kruskal, 1966; Pearce, 1968; Whitten, 1975; Butler, 1978; 1979a; b)．このような警鐘があったにもかかわらず，地質学分野では，組成データ利用の問題点を直視することはあまりなかったと感じる．しかし，上記の文献に見られるように，長期間かつ継続的に，この問題が取り上げられてきたことは事実である．このことからも，この問題は無視すべき事象ではないことが窺えるのではなかろうか.

また，上記の組成データに対する批評論文を通観すると，組成データから抽出した回帰分析と相関係数に対して，問題認識が集中している (回帰分析・相関係数の説明とその問題点は 1.3 節と 1.4 節で解説する)．しかし，組成データの問題点は回帰分析・相関係数に限られたものではなく，その問題点の全容である定数和制約がまとめられるのには Aitchison (1986) の登場を待たなければならない．本書の第 1 章では，この定数和制約のさまざまな影響をまとめて紹介する.

1.1.2 問題解決の 2 つの流儀

地質学分野では，この定数和制約の是正のためのデータ変換方法も同時進行で研究されるようになった (たとえば，Niggli, 1954; Klovan and Imbrie, 1971; Whitten, 1975; Tangri and Wright, 1993). これらの初期の定数和制約に対する取組みは，組成データ内の変数を部分的に棄却するか，追加することで，変数の総和が定数にならないようにする操作を採用していた．しかし，変数の追加・削減では，確かに総和は定数に固定されないものの，これだけでは定数和制約は解消されない (Butler, 1981; Aitchison, 1986; Reyment, 1989; Baxter, 1993; Aitchison *et al.*, 2002).

その後，数学的・統計学的にその妥当性・有効性が保証された組成データの問題点解消方法が開発されたが，これは，2 つの流儀に分かれる．

a. 第一の解決方法：対数比解析と単体解析

その一つの流儀は，主に Aitchison (1986) と Egozcue *et al.* (2003) によって開発された，対数比解析 (logratio analysis) と，それから派生する単体解析 (simplicial analysis) である．この方法では，組成データが変数の相対的な情報のみを包有している事実に着眼している．そして，この相対的な情報を引き出すのには，ある共通の変数でその他の変数を規格化し，さらに，対数変換することが有効であると主張している．この対数比変換によって，組成データは，実数の解析用に実装されている演算・統計解析などが実施できるようになった．また，対数比解析に付随して発展した単体解析とは，パーセント・データに新たな演算・統計解析を定義する試みである．これらは，第 2，3 章にて，それぞれ詳しく紹介する．

b. 第二の解決方法：絶対量変動法

もう一つの流儀というのは，定数和制約の問題解決の方法として，組成データから絶対量変動の情報を復元する試みである．これは，地質学のさまざまな分野で，下記のように個別に開発・展開されてきた．このために，名称・数式表現が個々の分野によって異なるので，やや混乱の元となっている．

Isocon 法

岩石学分野[*1)]で使用される名称で，別名 Pearce elemental ratio と呼ばれることもある (Chayes, 1960; Pearce, 1968; Nicholls, 1988; Russell and Nicholls, 1988; Stanley and Russell, 1989; Grant, 2005).

Mass-Balance 法

土壌学分野[*2)]で利用される手法．組成データから絶対量変動を復元するとともに，土壌の体積変化も復元する試みである (Brimhall and Dietrich, 1987; Brimhall *et al.*, 1988; Chadwick *et al.*, 1990; Sheldon and Tabor, 2009).

Enrichment Factor 法

堆積学分野[*3)]で利用される手法 (武蔵野, 1992; 石賀ほか, 1997; Hassan *et al.*, 1999; McLennan, 2001; Di Leo *et al.*, 2002; Lee, 2002).

このように歴史的経緯からさまざまな名称が利用されてきたが，本書では便宜上，この方法を「絶対量変動法」と統一して呼称することにする．絶対量変動法の基本原理は，手持ちの組成データ内に不変な成分が存在する場合，その成分でほかの成分を規格化すると，パーセント形式データから絶対量変動を復元できるという方法である．この方法は，第 4 章にて詳しく紹介する．

上記の組成データ解析の 2 つの流儀，対数比解析 (単体解析) と，絶対量変動法は，両方とも定数和制約の問題点を解消する方法ではある．しかし，いずれの方法も一長一短があるので，解析者は目的と手持ちのデータの性質によっては，必要に応じて適切なものを選択する必要がある．特に注意を要するのは，分析者の手持ちデータの状況によっては，後者の絶対量変動法 (第 4 章) を採用できないことが多々ある．これは，手持ちデータに不変な変数が，そもそも存在しない場合である．その際には，第 2 章の対数比解析と第 3 章の単体解析を採用する必要がある．

---

*1) 岩石の成因やその性質を研究する分野.

*2) 土壌の成因やその性質を研究する分野.

*3) 堆積岩 (海や湖などに溜まった砂や泥が，積み重なって岩石化したもの) の成因やその性質を研究する分野.

1.1.3　定数和制約の概要

それでは最初に，組成データの問題点といわれている定数和制約について，その概要を紹介する．

表 1.1 には組成データの典型例である，岩石の化学組成データを示した．この表で示した岩石である，氷上花崗岩と三滝火成岩は「花崗岩」と呼ばれる種類の岩石であり，別名である「みかげ石」という墓石や建築石材名のほうがなじみがあるかもしれない．花崗岩は全体的に白っぽい岩石であり，大陸を構成する主要な岩体である (図 1.1)．花崗岩を構成する主要な化学成分は，SiO_2，TiO_2，Al_2O_3，Fe_2O_3，MnO，MgO，CaO，Na_2O，K_2O，P_2O_5 であり，氷上花崗岩と三滝火成岩のそれぞれの酸化物の組成データ (パーセント) を表 1.1 に示した．本書では今後，この花崗岩の組成データ (小林ほか，2000) を主な例題として頻繁に使用するので，花崗岩がどのようなものなのかを，あらかじめ

表 1.1　珪長質火成岩の化学組成データ (小林ほか，2000).

	SiO_2	TiO_2	Al_2O_3	Fe_2O_3	MnO	MgO	CaO	Na_2O	K_2O	P_2O_5	total
氷上花崗岩	67.53	0.52	15.86	5.19	0.11	1.59	2.66	3.64	2.77	0.14	100.00
三滝火成岩	57.67	1.10	15.03	8.72	0.14	4.19	8.39	3.67	0.83	0.26	100.00

図 1.1　花崗岩の写真．写真上部に位置するスケールの白黒間隔が 1 cm である．

簡単に紹介しておいた.

さて，話を戻すと，表 1.1 の氷上花崗岩の $SiO_2 = 67.53\%$ や，三滝火成岩の $TiO_2 = 1.10\%$ という数値が組成データとして与えられているが，組成データの最大の特徴は，これらの数値には，非負性 (負の値をとらない) があり，変数の最大変動幅は $0 \leq x_i \leq 100$ の範囲内に制限され，変数の総和が定数 (百分率の場合は総和が 100) に固定されるという特徴がある．この特徴から，組成データは，「実数 (real number)」[*4] とは異なることがわかる．実数は，負の値をとることが可能であり，マイナス無限からプラス無限まで変動でき，実数の総和が定数になることはない.

このように，組成データと実数は異なるのだが，表 1.1 の実例でも，三滝火成岩の $TiO_2 = 1.10$ などの数値は，一見，「実数」に見えるので，これらの数値を「実数」として認識してしまいがちである．そして，この認識が組成データの扱いを誤る入口なのである.

たとえば，組成データの四則演算はどうしようか？ 氷上花崗岩と三滝火成岩の SiO_2 の差を知りたい場合には，実数用の引き算を適用するのだろうか $(67.53 - 57.67)$？ 実数の引き算を適用できないこともないが，その演算結果は総和が 100%にならないので，計算結果は組成データではなくなる．少なくとも筆者が知る限り，Aitchison (1986) 以外にて組成データの四則演算が正式に定義されたことはない (この組成データの四則演算は，3.5 節で紹介する).

また，組成データの変数は，実数には見られない特殊な挙動を示す．すなわち，組成データは変数の総和が一定に固定されているので，ある変数が増加すると，そのほかの変数は強制的に減少する．また，その逆もしかりであり，ある変数が減少するとそのほかの変数は強制的に増加する．結果，組成データの数値の増加・減少がどのような要因によるのかを明確に提示することができない．これに伴って，組成データを解析する際にはさまざまな制約条件が発生する．これを「定数和制約」という.

a.　絶対量変動の情報を保持していない

定数和制約にはさまざまな内容が内包されているが，そのうちの 1 つが，「組

[*4] 実数とは，-1.5，0，1，$3.1415\cdots$ のような有理数と無理数の総称.

成データは相対的な変動の情報のみを含有していて，絶対量変動の情報を保持していない」ということである．この事実を表 1.1 の岩石組成に当てはめると，氷上花崗岩と三滝火成岩の「SiO_2 の量を比較してはいけない」「K_2O の大小を論じてはいけない」ということになる．このサンプル間の絶対量を比較してはならないということを，簡単な事例を用いて見ていこう．

ここでは，箱 A, B, C に，赤・青・黒の 3 色のボールが入っていると想定しよう (図 1.2)．箱 A には (赤, 青, 黒) = (1, 2, 3)，箱 B には (赤, 青, 黒) = (3, 4, 4)，箱 C には (赤, 青, 黒) = (4, 3, 1) だけカラーボールが入っているとする (図 1.2 左上)．これを組成データに規格化したのが図 1.2 右上である．今後，本書では図 1.2 左上のように，組成データの元となる実数データのことを「基礎データ」[*5] と総称することにする．

ここで，箱 A に対する箱 B，C のボールの増減を比較してみよう．基礎データ (生データ) で箱 A から見た箱 B の増減を比較すると，赤ボールは 3.0 倍に，青ボールは 2.0 倍，黒ボールは 1.3 倍になる (図 1.2 左下)．同様の比較を組成データを元に行うと，状況が大きく変わる．箱 A に対する箱 B の赤ボールを組

基礎データ

W_{ij}	赤	青	黒
A	1	2	3
B	3	4	4
C	4	3	1

組成データ

X_{ij}	赤	青	黒
A	16.7	33.3	50.0
B	27.2	36.4	36.4
C	50.0	37.5	12.5

A に対しての倍率

W_{ij}	赤	青	黒
A→B	3.0 倍	2.0 倍	1.3 倍
A→C	4.0 倍	1.5 倍	0.3 倍

A に対しての倍率

X_{ij}	赤	青	黒
A→B	1.6 倍	1.1 倍	0.7 倍
A→C	3.0 倍	1.1 倍	0.3 倍

図 1.2　箱 A, B, C のボールの数とその組成データ．左上：ボールの実数 (基礎データ)．左下：箱 A に対するボールの実数変動倍率．右上：ボール数の組成データ．右下：組成データを元にした，箱 A に対するボールの変動倍率．

[*5] Aitchison (1986) では “basis” と呼んでいたのでその和訳として「基礎データ」と命名した．

成データで比較すると，1.6 倍になる (図 1.2 右下)．元来の基礎データでは倍率は 3 倍なので，3 倍と 1.6 倍ではその解釈に大きな乖離が発生するおそれがある．ただし，赤ボールについては，左の基礎データ，右の組成データの両者において増加していることには変わりない．したがって，図 1.2 右の組成データを用いた比較をしたとしても，まだ誤解釈の傷口は浅いといえる．より深刻なのは黒ボールの例である．基礎データでは，箱 A と箱 B の黒ボールの増減率が 1.3 倍 (図 1.2 左下)，すなわち増加ということになるが，一方，組成データで黒ボールの増減を比較すると，0.7 倍 (図 1.2 右下) ということになり，逆の減少と見てとれる．元来は増加なのに，減少という解釈を与えた場合，その影響は深刻であろう．

このことから，表 1.1 の例に戻ると，先に述べたように，氷上花崗岩と三滝火成岩の化学組成を比較したり，増減を議論したりしてはいけないのである．これは，組成データには絶対量変動の情報が記録されていないことに起因している．したがって，一般論として，組成データではサンプル間 (ケース間) の比較ができないことになる．では，組成データでは，いかなる解析・議論もできないのかというと，そうではない．Aitchison (1986) は，「組成データは，絶対量変動の情報は記録していないのだが，相対的変動の情報は記録されている」と述べており，組成データによって相対的な増減を議論することは可能である．ただし，生の組成データそのものでは，この相対的な変動の情報は抽出できない．

b. 相対的な変動の情報の復元

では，どのようにしたら相対的な変動の情報を抽出できるのだろうか．組成データから相対的変動の情報を復元する方法は，第 2 章にて詳しく解説するが，簡単に結論を先に紹介しておく．その答えは，組成データの任意の成分で，そのほかの成分を規格化することである．箱の中のカラーボールの例では，たとえば任意の成分として黒ボールを規格化成分として選んで，赤ボール・青ボールを黒ボールで割り算すればよいのである．その結果，基礎データにおける赤/黒，青/黒の数値 (図 1.3 左下) と，組成データから算出した赤/黒，青/黒の数値 (図 1.3 右下) が一致するのがわかる．

したがって，Aitchison (1986) の「組成データは相対的な変動の情報が記録されている」という記述の「相対的変動の情報」とはどのような意味だったの

基礎データ

W_{ij}	赤	青	黒
A	1	2	3
B	3	4	4
C	4	3	1

黒で規格化

W_{ij}	赤 / 黒	青 / 黒	黒
A	0.33	0.67	
B	0.75	1.00	
C	4.00	3.00	

組成データ

X_{ij}	赤	青	黒
A	16.7	33.3	50.0
B	27.2	36.4	36.4
C	50.0	37.5	12.5

黒で規格化

X_{ij}	赤 / 黒	青 / 黒	黒
A	0.33	0.67	
B	0.75	1.00	
C	4.00	3.00	

図 1.3　箱 A, B, C のボールの数とその組成データ．左下：基礎データを黒ボールで規格化．右下：組成データの黒ボールで規格化．

かというと「黒ボールに対する赤ボールの相対的変動」(図 1.3) や表 1.1 の例でいえば，「SiO_2に対する TiO_2」の相対的増減のように，ある変数に対するそのほかの変数の相対的変動のことを指す．

c.　相対的な変動を復元する変数変換

なお，ここでは例として，単純な比を相対的な変動情報を引き出す方法として示した．しかし，「単純な成分の比」が唯一の解決方法ではなく，そのほかにも相対的な変動情報を抽出する規格化が，多数存在することを強調しておきたい．これを確認するために 3 成分からなる簡単な組成データ $\boldsymbol{x}$ を考えよう (式 1.1).

$$\boldsymbol{x} = (x_1, x_2, x_3) \tag{1.1}$$

たとえば以下の変換 1.2～変換 1.5 が相対的な情報を抽出するのに有効な変数変換となる．

$$\left(\frac{x_1}{x_3}, \frac{x_2}{x_3}, \frac{x_3}{x_3}\right) \tag{1.2}$$

$$\left(\frac{x_1}{x_2 + x_3}, \frac{x_2}{x_2 + x_3}, \frac{x_3}{x_2 + x_3}\right) \tag{1.3}$$

$$\left(\frac{x_1}{\sqrt{x_2 x_3}}, \frac{x_2}{\sqrt{x_2 x_3}}, \frac{x_3}{\sqrt{x_2 x_3}}\right) \tag{1.4}$$

$$\left(\ln\frac{x_1}{x_3}, \ln\frac{x_2}{x_3}, \ln\frac{x_3}{x_3}\right) \tag{1.5}$$

このほかにも，複数の変数変換が考えられる．相対的な情報を復元するだけであれば，わざわざ複雑な変換を選択するよりも，単純な比 (変換 1.2) を採用すれば必要十分なのではないかと思われたかもしれない．しかし，本書ではそれに自然対数をとった変換 1.5 の対数比変換 (logratio transformation: Aitchison, 1986) を強く推奨する．単純な比に対する対数比の利点は，2.7 節にて紹介する．なお，変換 1.4 は，2.8 節で紹介する対数比変換のバリエーションである clr 変換と ilr 変換に関わる形式であることに言及しておく．

d. 定数和制約の第一の影響

この節で述べた組成データと定数和制約の概要をまとめると，以下のとおりである．組成データは，定数和制約の影響で，絶対量変動の情報を記録していないが，相対的な変動の情報は包有している．その相対的な変動の情報は，組成データそのものから抽出することはできない．相対的な情報を抽出するのには，組成データを，単純な比，もしくは，対数比に変換する必要がある．

定数和制約の悪影響は，絶対量変動の情報を記録していないという一点に限られるわけでなく，その影響は多岐にわたり，それらを以下の 1.2 節〜1.6 節で紹介する．

◆ 1.2 組成データの暮らす空間 ◆

ここでは，標本空間という概念を考えてみよう．標本空間とは，ある試行におけるすべての可能な結果の集合のことをいう．たとえば，サイコロを振る試行の場合の標本空間は，

$$\{1, 2, 3, 4, 5, 6\}$$

となる．次に，要素が実数である場合は「実空間」($\mathbb{R}$：real space) が標本空間となる．たとえば，要素が 3 つの実数からなるベクトル $\boldsymbol{w} = (w_1, w_2, w_3)$ は 3 次元実空間 ($\mathbb{R}^3$) [*6] が標本空間となる．それでは，組成データの標本空間は

[*6] 我々が暮らしている空間のことをイメージすればよい．

何になるのだろうか.

1.2.1　基礎データと組成データの空間分布の比較

図 1.4 は，実数と組成データの空間分布を実際に比較したものである．ここで $\boldsymbol{w} = (w_1, w_2, w_3)$ は組成データに変換する前の実数データ (基礎データ) である．この (w_1, w_2, w_3) は 300 個のサンプルからなり，各変数は範囲 0～1 までの一様乱数から生成した．図 1.4 の上段に $\boldsymbol{w}$ の直交座標系へのプロットを示している．$\boldsymbol{x} = (x_1, x_2, x_3)$ は $\boldsymbol{w} = (w_1, w_2, w_3)$ の総和が 1 になるように規格化して組成データ化したものであり，図 1.4 の下段に $\boldsymbol{x}$ の直交座標系へのプロットを示している．

前者の $\boldsymbol{w} = (w_1, w_2, w_3)$ は要素が実数からなるので，3 次元の実空間に属している ($\mathbb{R}^3$)．また，$\boldsymbol{w}$ は一様乱数から生成しているので，$w_1 - w_2$, $w_1 - w_3$, $w_2 - w_3$，いずれにおいてもプロットがランダムに分布している (図 1.4 上段).

ところが，この基礎データを組成データに変換して散布図上にプロットする

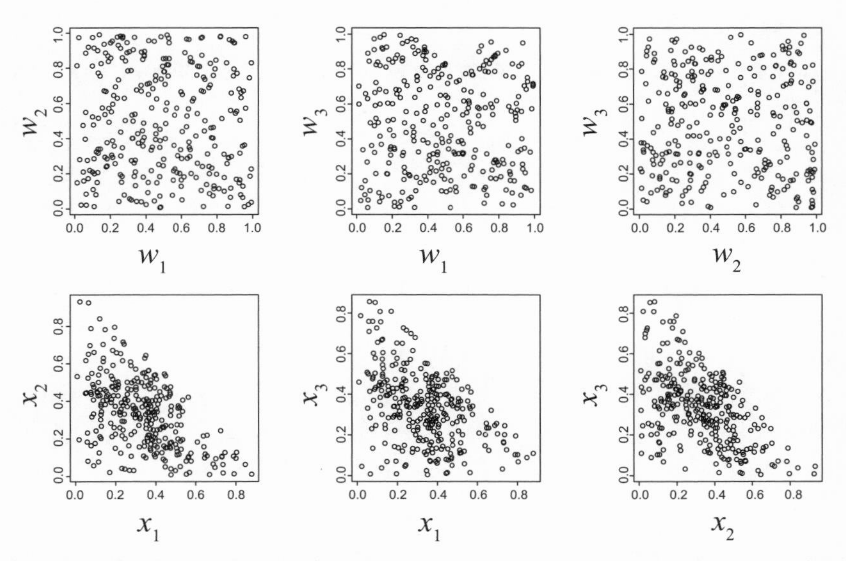

図 1.4　一様乱数から作成した基礎データ (上段：w_1, w_2, w_3) と，それを組成データ (下段：x_1, x_2, x_3) に変換したものの直交座標系描写．基礎データはランダムな分布を示すが，組成データでは疑似的なトレンドと集中分布が生じる．

と，図の中心付近に集中分布が見られて，縁辺部分ではデータの分布が疎になる傾向が現れる．さらに，組成データでは負の相関・トレンドが現れる (図 1.4 下段)．この $\boldsymbol{x} = (x_1, x_2, x_3)$ の散布図 (図 1.4 下段) からは，データが元は一様乱数であることを読み取るのは不可能であり，何らかのクラスターと右肩下がりのトレンドが存在するという錯覚に陥るであろう．この錯覚は，組成データの標本空間も実空間であると勘違いしたことに起因している．

1.2.2　組成データの空間分布

図 1.5 には，2 次元実空間と，2 成分の組成データの空間分布の関係を図示した．2 次元実空間 (箱 A と箱 B の変数「赤」と変数「青」は図 1.2 からの引用) に属する実数の元である $w_A = (1, 2)$ と $w_B = (3, 4)$ を図 1.5 にプロットしている．これを組成データ化すると，それぞれ，$x_A = (33.3, 66.7)$ と $x_B = (42.9, 57.1)$ に写像される．このように，$x - y$ 軸 (赤, 青) の実空間に属するすべての元は組成データに変換すると，(赤, 青) = (100, 0), (0, 100) の 2 点を結んだ直線に集約される (図 1.5)．

x_A や x_B は (赤, 青) の 2 つの変数を有するのだが，直線上に配列されるとい

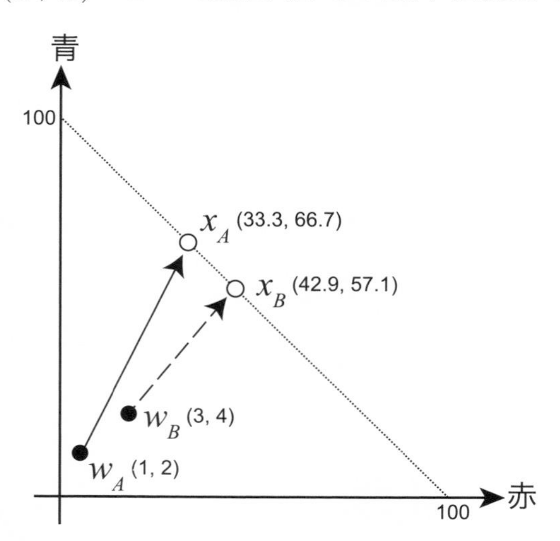

図 1.5　2 次元実空間と 1 次元単体空間の関係．元 w_A と w_B は 2 次元実空間に属するが，これを組成データに変換した元，x_A と x_B は，1 次元単体空間に属する．

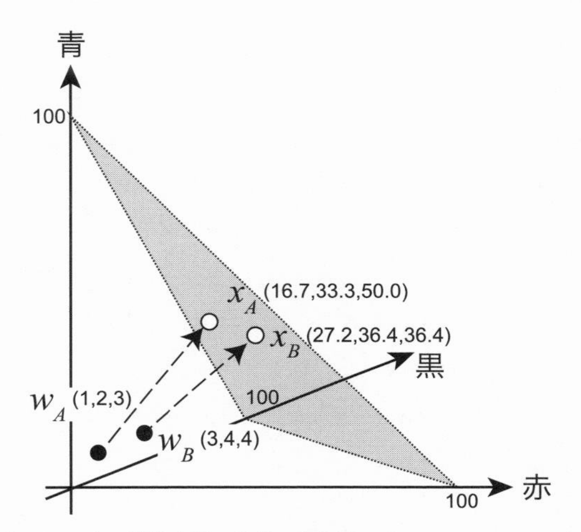

図 1.6 3 次元実空間と 2 次元単体空間の関係．実空間の元 $w_A = (1, 2, 3)$ と $w_C = (3, 4, 4)$ は 3 次元実空間に属するが，これを組成データに変換した元，$x_A = (16.7, 33.3, 50.0)$, $x_C = (27.2, 36.4, 36.4)$ は，(赤, 青, 黒) = (100, 0, 0), (0, 100, 0), (0, 0, 100) を結んだ面である 2 次元単体空間に属する．

うことは，次元は 1 次元であるということになる．したがって，2 変数からなる組成データの標本空間は 1 次元空間になる．2 変数の組成データでは，変数に対して，次元が 1 つ少ないわけである．

同様に，図 1.6 では，3 次元実空間の例を示した．この例でも，3 次元実空間に属する実数の元である，$w_A = (1, 2, 3)$ と $w_B = (3, 4, 4)$ は，組成データ化すると，$x_A = (16.7, 33.3, 50.0)$ と $x_B = (27.2, 36.4, 36.4)$ に変換される．すると (赤, 青, 黒) = (100, 0, 0), (0, 100, 0), (0, 0, 100) を結んだ 2 次元空間に集約されることになる．したがって，3 変数からなる組成データは正三角形の形をした 2 次元空間が標本空間になることがわかる．この場合の組成データは，(赤, 青, 黒) の 3 成分を有するのだが，その次元は変数の数より 1 つ少ない 2 次元空間になる．

1.2.3 組成データの暮らす単体空間

この組成データの標本空間は単体空間 (simplex space) と呼ばれ，変数の数を D とすると $\mathbb{S}^{D-1}$ で表す (Aitchison, 1986)．組成データの変数の数が $D = 2$,

$D=3$ の場合，その標本空間はそれぞれ，実空間に内包される 1–単体 ($\mathbb{S}^1$)，2–単体 ($\mathbb{S}^2$) となる (図 1.7)．組成データは変数の数に対して実際の次元，もしくは自由度が 1 だけ少ない標本空間に属する．もう 1 つ単体空間の特徴をあげると，図 1.7 にみられるように，1–単体，2–単体が有限の広がりしかもたない点である．これについての制約は 1.6 節にて解説する．

したがって，最初の図 1.4 の例に立ち返ると，組成データは実空間に存在していないので，(x_1, x_2, x_3) を直交座標系にプロットすること自体が注意を要する行為であったということになる．これを無理矢理，実空間にプロットすると，本来の一様乱数という性質が覆われてしまうのみならず，ありもしないトレンドなどを描写してしまう危険がある．

日常的な例でたとえてみると，地球表面は球面幾何学の世界に属している．これを 2 次元平面描写した世界地図 (メルカトル図法) では面積などが実情と合わなくなることはよく知られている．2 次元描写されている世界地図に関しては，我々は高緯度地域の面積膨張を周知の上で世界地図を利用している．仮にどうしても，組成データを直交座標系にプロットする必要があるのならば，世界地図を見るときのように頭の中で空間変換をする必要がある．

ただ，頭の中で空間変換をするのは大変なので，もっと単純な方法としては，組成データを実空間である直交座標系に描写するのをやめて，単体空間に描写

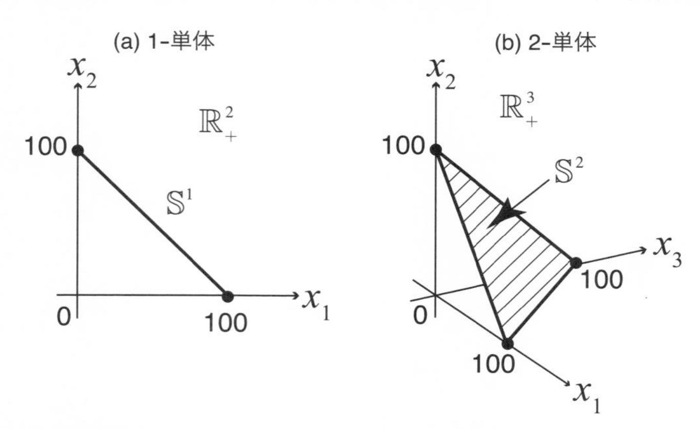

図 1.7 単体空間の概念図．(a) 2 次元実空間に内包される 1–単体空間 (太い線分)．(b) 3 次元実空間に内包される 2–単体空間 (斜線の平面)．

するのが素直であろう．図 1.4 の (x_1, x_2, x_3) の標本空間は 2–単体空間なので，図 1.7b のような三角図になる．図 1.8 には実際に 2–単体に (x_1, x_2, x_3) をプロットした図を示す．正しい標本空間にプロットすると，存在もしない「トレンド」や「集中分布」が偽造されることがないのがわかる．

ここで一点注意を要するのが，図 1.8 の正しい標本空間へのプロットにおいても，依然として，三角図の中心付近に「集中分布」が存在するように見える．この問題は第 2 章で紹介する対数比変換と 3.5 節のアイチソン距離 (式 3.6) によって解消されることを言及しておく．この例であれば，図 1.8 の中心からアイチソン距離が 0〜0.5，0.5〜1.0，1.0〜1.5 の範囲に存在するプロットの数は，それぞれ，70，92，81 個であり，おおよそ一様分布していることになる．

組成データの標本空間に実空間の概念 (直交座標系やユークリッド距離) を適用するから，存在しないトレンドや，データ分布の偏向が認知される危険性が出てきたのである．正しい，標本空間である単体空間への描写と，その空間に適合する幾何学を採用する必要がある．

ここで述べた，組成データの標本空間が実数データとは異なっているという事実は，あまり注目されてこなかった．しかし，次節以降で示すように単体空

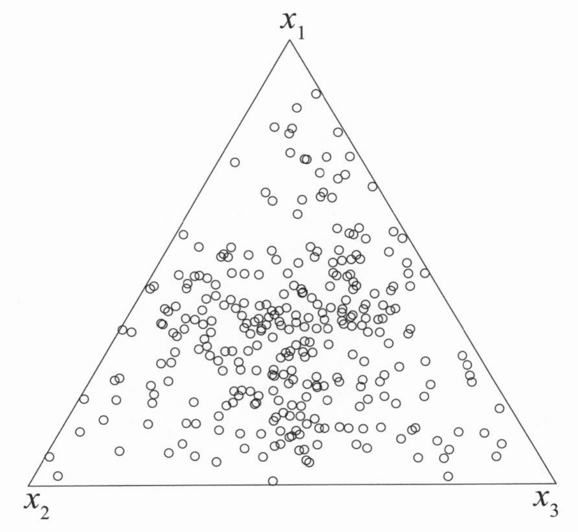

図 1.8　図 1.4 の組成データ (x_1, x_2, x_3) を 2–単体空間にプロットしたもの．

間に属する組成データに対して，実空間の実数データと同等な考察や解釈が可能である保証はない．1.3 節と 1.4 節ではその事例を紹介しているが，すでに本節で述べた問題と根幹は同じであることを繰り返し述べることになる．ただし，1.3 節と 1.4 節では，組成データに施されてきた従来の解析の問題点に焦点を当てるために，別の節としてまとめている．

◆ 1.3 変数の数と自由度が合わない ◆

この節では，組成データの回帰分析 *7) やデータのトレンドを求めることについて考察する．

組成データの定数和制約の第 3 の特徴として，自由度の制約があげられる．このことを，基礎データから組成データを計算する過程によって考えてみる．箱 A の赤ボールの基礎データを $w_{(\mathrm{A},\,赤)}$，青ボールの基礎データを $w_{(\mathrm{A},\,青)}$，黒ボールの基礎データを $w_{(\mathrm{A},\,黒)}$ として，図 1.2 左上の箱 A のボール数から組成データを求めてみる．まず箱 A の赤ボールの組成データ $x_{(\mathrm{A},\,赤)}$，青ボールの組成データ $x_{(\mathrm{A},\,青)}$ は以下のように求まる．

$$x_{(\mathrm{A},\,赤)} = \frac{w_{(\mathrm{A},\,赤)}}{w_{(\mathrm{A},\,赤)} + w_{(\mathrm{A},\,青)} + w_{(\mathrm{A},\,黒)}} \cdot 100$$

$$= \frac{1}{6} \cdot 100 = 16.7$$

$$x_{(\mathrm{A},\,青)} = \frac{w_{(\mathrm{A},\,青)}}{w_{(\mathrm{A},\,赤)} + w_{(\mathrm{A},\,青)} + w_{(\mathrm{A},\,黒)}} \cdot 100$$

$$= \frac{2}{6} \cdot 100 = 33.3$$

さて，黒ボールの組成データも上記と同様の計算で求めることができる．しかし，わざわざ計算しなくとも黒ボールの値が求まる．つまり，赤ボールと青ボールの組成データが求まった現時点では，総和は 100 なので，黒ボールのパー

*7) 回帰分析とは，変数と変数の関係を調べる分析である．たとえば「アイスクリームの売上高」と「気温」の関係を調べる方法．

センテージは 100 から引き算すれば自動的に 50 に決まる．

このように，組成データの変数の数を D とすると，$D-1$ 個の変数のパーセント量が決定された場合，残りのパーセント量は総和の 100 から引き算することによって「一律的に」決定できる．したがって，組成データでは変数のすべてに本質的な情報が内包されているわけではなく，その中の 1 つの変数は「付け足し」程度の意味しかもっていない (Aitchison, 1986; Reyment, 1989).

つまり，組成データは変数の数に対して，実際の自由度が 1 つだけ少ないことになる．これは，組成データはその定義上，変数の独立性を保てないことを意味しており，回帰分析を実行する際に問題となる．たとえば，2 変数からなる組成データを考えると，その定義は以下のようになる．

$$x_1 + x_2 = 100$$

x_2 を移行すると，

$$x_1 = -x_2 + 100$$

となる．これは y を目的変数とした，一次線形回帰モデル，

$$y = ax + b$$

と区別不能である．したがって，組成データは定義そのものが線形回帰モデルと一致するので，組成データに実施されてきた回帰分析に意味をもたせることは難しい．Butler (1978; 1979b) は，従来の研究には定数和制約に起因するにすぎない変数の関係性に対して，地質学的に意味あるトレンドとして解釈が与えられている場合があることを指摘している．

◆ 1.4　相関係数が本来の意味を失う ◆

本章の冒頭ですでに紹介したが，過去の多くの論文にて組成データの相関係数の問題点が指摘されてきた (Chayes, 1960; Chayes and Kruskal, 1966; Butler, 1979a)．組成データでは偽物の相関係数が現れる事実は，Pearson (1897) にて数学的にも証明されており，その詳細は章末の補足に記述するので，必要

があれば参照いただきたい．特に，組成データには，負の偽相関 [*8)] が現れる特性があり，このことを負の相関偏向 (negative bias) と呼んでいる．

1.4.1 組成データの負の相関偏向

たとえば，表 1.2 には図 1.4 で使用した乱数の相関係数をすべて示した．一様乱数から生成した基礎データ $\boldsymbol{w}$ については，一様乱数なので変数間は無相関になる $[(w_1, w_2) = -0.0496, (w_1, w_3) = -0.0357, (w_2, w_3) = -0.0430]$．しかし，それを組成データに変換した $\boldsymbol{x}$ では，すべての変数の組み合わせ (x_1, x_2)，(x_1, x_3)，(x_2, x_3) において強い負の相関が現れた (表 1.2；図 1.4)．これが，Chayes (1960), Butler (1979b), 中西 (2003) などで指摘されてきた，組成データの負の相関偏向と呼ばれる特性である．

表 1.2 図 1.4 で示した一様乱数の基礎データと組成データの相関係数.

基礎データ	相関係数	組成データ	相関係数
w_1, w_2	-0.0496	x_1, x_2	-0.519
w_1, w_3	-0.0357	x_1, x_3	-0.453
w_2, w_3	-0.0430	x_2, x_3	-0.527

実際の天然のデータの事例でも負の相関偏向という組成データの特性を確認しよう．たとえば，図 1.9 には，1.1.3 項にて引用した小林ほか (2000) の花崗岩類の化学組成のプロットを示す．1.2 節で述べたように，組成データをこのような直交座標系にプロットすること自体が問題ではあるのだが，SiO_2 重量%と Al_2O_3 重量%・Fe_2O_3 重量%・MgO 重量%・CaO 重量%の間には強い負の相関があることがわかる．しかし，SiO_2 と Al_2O_3・Fe_2O_3・MgO・CaO の間に負の相関が現れることは，地質学的にはありえない．なぜなら，花崗岩類は，ほぼ珪酸塩鉱物から構成されているからである．この珪酸塩鉱物というのは SiO_4 四面体を基本骨格として，これに Al^{3+}・Fe^{2+}・Mg^{2+}・Ca^{2+} などの元素が結合した

---

*8) 類似した用語として，統計学には「疑似相関」というものがある．これと区別するために本書で扱う偽物の相関を「偽相関」と表現する．「疑似相関」とは，たとえば，夏場には扇風機が多く稼働する．この扇風機が多く稼働する夏場には台風が多く発生する．したがって．扇風機が台風発生の要因であると主張することである．

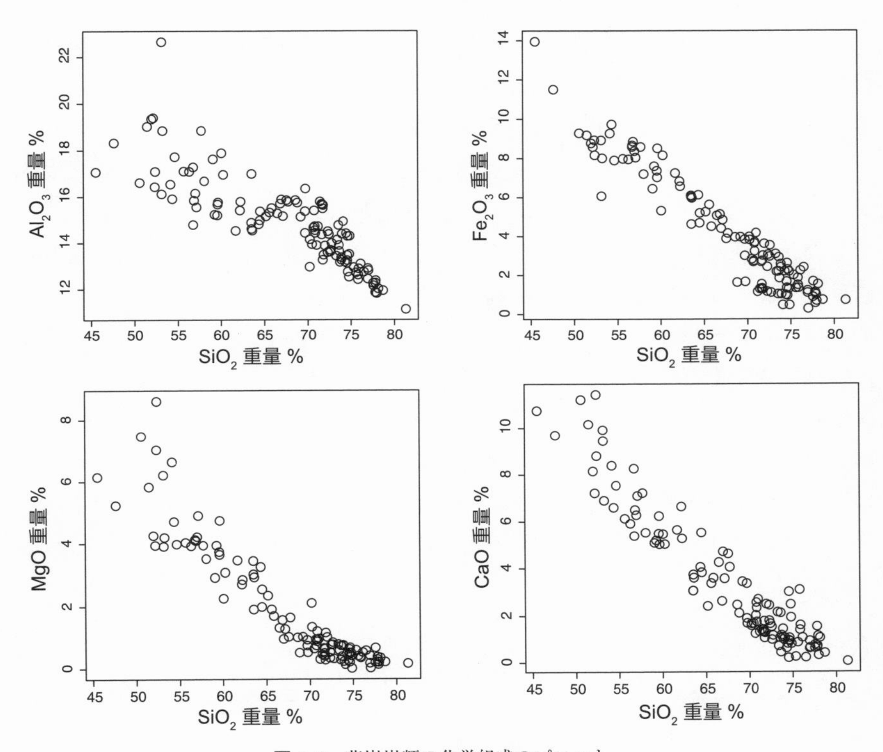

図 1.9　花崗岩類の化学組成のプロット.

構造をもつ鉱物である．たとえば，灰長石という鉱物の化学式は，$CaAl_2Si_2O_8$ であり，この鉱物は Si とともに Al と Ca を含有している．したがって，灰長石が増減すれば，Si・Al・Ca がともに増減するので正の相関が現れるはずであり，$SiO_2-Al_2O_3$ と SiO_2-CaO の間に，図 1.9 のような負の相関が現れることはないのである．花崗岩中の鉱物で Fe と Mg を含有するものは角閃石・輝石・黒雲母が考えられるが，これらの鉱物も Si を含有している．したがって，$SiO_2-Fe_2O_3$ と SiO_2-MgO の間にも，図 1.9 のような負の相関が現れることはない.

1.4.2　正の偽相関も発生する

上記の 2 例において，組成データには偽物の相関が生成される傾向にあるこ

とを紹介した (負の相関偏向). しかし, 組成データには負の相関偏向があるだけではなく, 正の偽相関も発生しうる. 補足の式 1.6 からは, 元は負の相関をもつ基礎データから, 正の相関をもつ組成データも生成できることがわかる.

たとえば, 表 1.3 の例では, 基礎データ w_i, w_j, w_k を一様乱数から発生させた. そして, w_i, w_j, $w_i + w_j + w_k$ の変動係数 *9) が同値になるように設定した. 一様乱数から生成したので, 基礎データ w_i と w_j の相関係数は論理的には無相関になるのだが, その組成データである x_i と x_j の相関係数は, 論理的には 0.5 に跳ね上がることが, 補足の式 1.6 から示唆される. 事実, この条件で乱数を発生させると, w_i, w_j は無相関となる ($r_{(w_i,w_j)} = -0.190$：表 1.3 左下段). ところがこれを組成データに変換 (x_i, x_j, x_k) すると, x_i と x_j の相関係数は 0.455 (表 1.3 右下段) になった. このように, 一般的に, 組成データには負の偽相関が発生する傾向が高いのであるが (負の相関偏向), 上記の例からもわかるように, 組成データでは正の偽相関が出現する可能性も念頭におくべきである.

表 1.3 一様乱数から作成した基礎データ (w_i, w_j, w_k) とその組成データ (x_i, x_j, x_k). w_i と w_j は無相関だが, x_i と x_j では高い正の偽相関が発生している.

	w_i	w_j	w_k	x_i	x_j	x_k
サンプル数	100	100	100	100	100	100
平均	0.512	0.494	13.5	6.42%	6.52%	87.1 %
標準偏差	0.285	0.295	9.16	0.0915	0.0899	0.155
変動係数	0.558	0.597	0.681	1.43	1.38	0.178
相関係数	$r_{(w_i,w_j)} = -0.190$			$r_{(x_i,x_j)} = 0.455$		

まとめると, Pearson (1897) が古くから指摘しているように, 組成データでは, ピアソンの相関係数の本来の意味が担保されていない. この理由は, 補足の式 1.6 より明らかであり, 組成データの相関係数を算出すると, その値は非常に複雑な数式表現になり, 偽物の正の相関, 負の相関, 無相関が出現するからである.

*9) 変動係数は変数のばらつき具合を示す指標であり, 標準偏差を平均値で割ったものになる.

◆ 1.5　成分の「追加・削減」でデータ構造が変化 ◆

通常のデータ解析の現場においては，多次元成分のすべてを利用して全体で議論するよりも，重要と思われるいくつかの成分を抜き出して (あるいは類似する成分を統合して) 単純な関係を探索することがある．

成分の抜粋・統合で単純な関係を探索する事例をあげると，たとえば，選挙結果から世論情勢を抽出したい場合，各政党の獲得議席を羅列するよりも，連立与党と野党で分割・総合した議席数を示すことで，政権に対する単純明快な世論情勢を抽出することができるかもしれない．別の例としては，日本の少子高齢化を示すデータを得たい場合を考えてみる．少子高齢化の傾向は間違いないのだが，一部，第二次世界大戦中の出生減や，ひのえうまの出生減や，ベビーブームのような例外もある．そこで，1 歳刻みの年代別詳細データを示すよりも，年代の統合・区分けを設けて，「75 歳以上の人口が過去最高になった」とか「15 歳未満の人口が過去最低になった」という，わかりやすい統合したデータを提示することがある．

このような変数の統合や，サンプル (ケース) の統合が，実数データに対しては行われることが多々あり，これによってデータの単純な関係を示すことができる．しかしながら，この良かれと思って実行した成分の統合・抜粋は，こと，組成データにおいては多々の問題を発生する可能性のある，危険な行為になってしまう．

1.5.1　副組成間の不整合性

組成データの変数統合やサンプルの合算は，筆者の所属する地質学分野においては，慣例となっている．典型例をあげると，玄武岩 *10) の化学組成ではすべての元素の中から，Al_2O_3%, FeO%, MgO%成分のみを取り出して議論・考察したり (AFM ダイアグラム：Irvine and Baragar, 1971)，堆積岩では，構成する砂粒子のうち，石英，長石，岩片の成分のみを抽出して砂岩を分類した

*10)　火山から生成される岩石の一種で，富士山やハワイ列島を構成する．

りする (QFR ダイアグラム：Okada, 1971). これらの方法には科学的意味がないと言いたいわけではない. しかし, 重要と思われる成分を抜き出せば単純で明快な情報を得られるという仮定は, 組成データに限っては誤認となる.

上記の2例のように, 組成データのいくつかの成分を取り出して, 再度100%に規格化したデータを, Aitchison (1986) は副組成 (subcomposition) と命名した. 成分の取捨選択によってはさまざまなバリエションーンの副組成が作成できる. しかしこれらは, 元は同じ組成データから編成されているにもかかわらず, 個々の副組成間には内容に整合性が存在しない. このことを副組成間の不整合性 (subcompositional incoherency) と呼ぶ.

a. 平均値と標準偏差が変化する

表1.4には, 氷上花崗岩類の組成データ (小林ほか, 2000) に対していくつかの副組成を作成した例を示す.「全組成」に対して,「副組成1」では SiO_2 を抜き,「副組成2」ではさらに TiO_2, MnO, CaO 成分を減らしている. 成分を減らすと, 成分の平均値は割合配分に応じて増加するのは明らかであるが, 標準偏差も変化することに注意が必要となる. 特に象徴的なのが K_2O であり, 全組成ではその標準偏差 (1.10) は高い順から数えて6番目であり, ばらつきはそれほど高い成分ではないことになる. しかし, 副組成1になると K_2O は最もばらつきが大きい成分に変化する (5.57).

したがって, もしも自論において K_2O のばらつきが小さいと都合が良いので

表 1.4 氷上花崗岩類の化学組成データ (小林ほか, 2000). 全組成, 副組成 1, 副組成 2 における平均値と標準偏差.

	全組成		副組成 1		副組成 2	
	平均	標準偏差	平均	標準偏差	平均	標準偏差
SiO_2	69.9	6.58	—	—	—	—
TiO_2	0.403	0.254	1.30	0.437	—	—
Al_2O_3	14.4	1.34	51.1	5.32	56.5	3.94
Fe_2O_3	3.88	2.45	12.6	4.28	14.3	5.84
MnO	0.0793	0.0442	0.262	0.0941	—	—
MgO	1.25	1.25	3.85	2.46	4.41	3.18
CaO	2.61	2.27	8.16	5.04	—	—
Na_2O	3.27	0.683	11.8	3.32	13.0	3.30
K_2O	2.80	1.10	10.6	5.57	11.4	5.49
P_2O_5	0.104	0.0546	0.343	0.114	0.386	0.145

あれば全組成を活用すればよいことになる．あるいは，自論において K_2O が変動する成分であると都合が良いのであれば，副組成 1 を持ち出せばよいことになる．すなわち，「うまい塩梅」で成分の取捨選択を行えば都合の良い組成データを作ることができるのである．

全組成から副組成 1 における K_2O の例のように，成分の数が減ると，残った成分の平均値が大きくなるので，標準偏差も大きくなるのが一般的である．しかし，Al_2O_3 の標準偏差は，副組成 1 に対して副組成 2 では逆に減少している．したがって，組成データの変数を減らすと平均値と標準偏差が線形的に増加するわけではなく，そこに規則性を見出すのが難しい改変が発生するのである．

b.　相関係数も変化する

図 1.10 では引き続き氷上花崗岩類を例にして，成分の抜き差しで，相関係数も変化する様子を示した．すでに 1.4 節にて組成データでは相関係数を活用するべきではないことを述べたが，ここで示す事例によって，組成データの相関係数がさらに無意味であることを実感できるだろう．全組成を採用すると Al_2O_3 と Fe_2O_3 には正の相関が認められるが，副組成 1 を採用すると真逆の負の相関が現れる．Al_2O_3 と Fe_2O_3 は，副組成 2 でも負の相関になっている (図 1.10 左下)．Al_2O_3 と Fe_2O_3 の例のように，成分を抜くと相関係数の値が必ず負の値に偏向するのかというとそうではなく，Fe_2O_3 と MgO は全組成，副組成 1，副組成 2 においても相関係数が変化しない．さらに，Al_2O_3 と K_2O の例では全組成で負の相関があったのに，副組成 1 では正の相関が生成される．このように，相関係数についても何らかの規則性を見出すことは困難であり，組成データでは，副組成間で整合性を保てない．

c.　浮上する 2 つの問題

さて，上記のことから派生して，組成データの活用に対する 2 つの重要な制約条件が浮き上がってくる．1 点目は，組成データでは平均値・標準偏差・相関係数が，上記のとおり副組成間で変化するのである．そして，これら 3 つの統計量 (平均・分散・共分散) は，あらゆる統計解析・多変量解析で使用される重要な統計量である．これらの統計量が一義的でない (あるいは，改変可能) ということになると，自分に都合の良い解釈が成り立つ組成データを，捏造という形をとらずとも，変数の抜き差しによって，得ることができるということになる.

2点目は，データ内の成分の数と種類が完全に一致しない限り，組成データ同士を対比・比較することができないということである．たとえば，岩石の化学組成データの分析の際，研究室によっては，分析機材の種類や，その設定が異なることが考えられる．その結果，得られる元素の種類や数に違いが出るこ

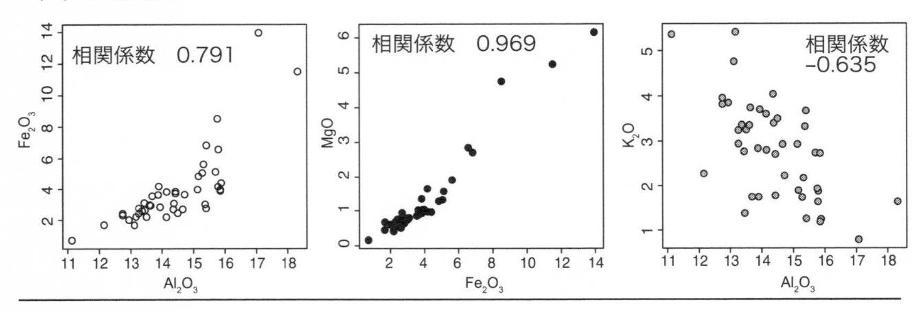

(b) 副組成 1

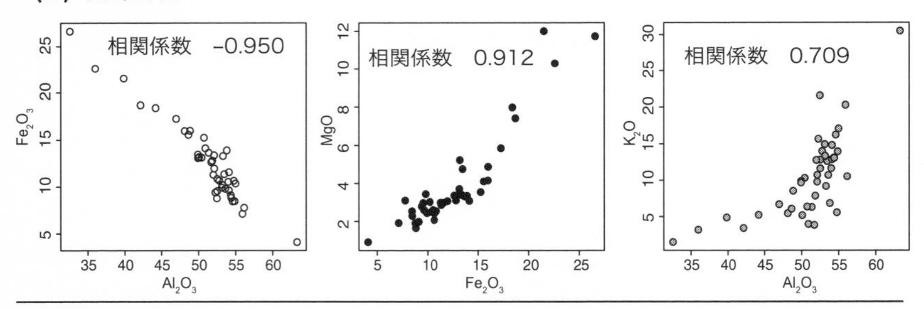

(c) 副組成 2

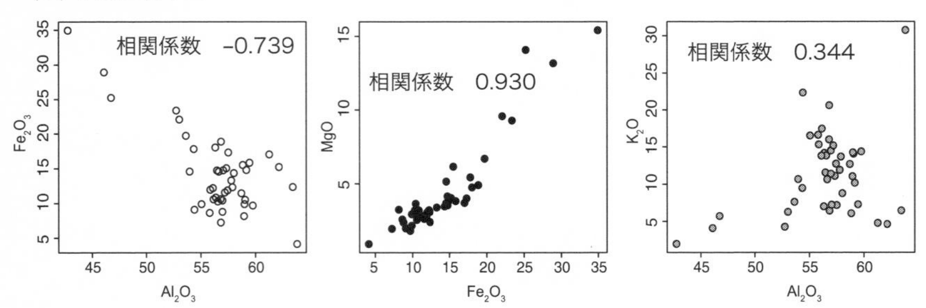

図 1.10 氷上花崗岩の全組成・副組成 1・副組成 2 の組成データの組み合わせで相関係数が変化する例.

とがありうる．そのような場合，自身のデータと他者のデータを比較できないということになる．また，国政選挙の得票率データでは，毎回，政党が統廃合されることがある．その場合，各時期の選挙結果の得票率を比べることは避けるべきであろう．

1.5.2 シンプソンのパラドックス

上記では，変数を足したり減らしたりすると引き起こされるデータ構造の改変について述べた．今度は，サンプル (ケース) 数の増減でも類似した問題が発生しうることを見てみよう．

表 1.5 はニュージーランドの 1991 年における陪審員候補者の先住民族割合を示している (Westbrooke, 1998)．ここでは，代表的な裁判管轄区域であるロトルアとネルソンのみにおける「先住民族の人口割合」と「陪審員候補者のうち先住民族の割合」を示している．

表 1.5 陪審員の割合におけるシンプソンのパラドックス (Westbrooke, 1998).

地区	先住民族の人口割合	陪審員候補者の先住民族割合
ロトルア	37.0 %	30.6 %
ネルソン	4.07%	1.79%
合計	18.0 %	25.5 %

ロトルアとネルソンの 2 地区とも，「先住民族の人口割合」より「陪審員候補者の先住民族割合」が低くなっており，これは先住民族に対して不当に少ない代表しか割り当てられていないとみなすことができる．しかし両地区の人口数を合計して，同様の割合を算出してみると，先住民族の人口割合 (18.0%) よりも陪審員の割合 (25.5%) が高くなる．したがって，今度は逆に，先住民族には不釣り合いに多い代表が当てられていることになってしまう．このような矛盾した逆転現象を Simpson (1951) にちなんでシンプソンのパラドックス (Simpson's paradox) と呼ぶ．この組成データに内在するシンプソンのパラドックスは，特に社会科学分野にてその問題点が議論されてきたようである (たとえば，Wardrop, 1995; Appleton *et al.*, 1996).

このような逆転現象がなぜ起こるのかというと，我々はデータ統合によって

「陪審員候補者のうち先住民族割合」が平均化されると暗黙のうちに憶測している．しかし，実際には重みのかかった平均が出されるのである．表 1.5 に記された組成データの中身を詳しく見ると，先住民族の人口割合は 2 地区で大きく異なり，ロトルアで 37.0%，ネルソンで 4.07%である．したがって，ロトルアに重みがかかれば，合計の陪審員候補者の先住民族割合は引き上がり，ネルソンに重みがかかれば，その割合は引き下がる．そして，表 1.5 の 1991 年には，ロトルアとネルソンの総人口はあまり変わらないのにもかかわらず，ロトルアからは 337 人の陪審員候補者が選出され，ネルソンからは 57 人しか選出されなかった．この人数差によってロトルアの組成データに重みがかかり，合計の「陪審員候補者の先住民族割合」が大きくなったのである．参考までに，表 1.5 の元となった，両地区の人口の基礎データを表 1.6 に示すので，興味あれば，組成データで起こるこの逆転現象を確かめられたい．

表 1.6 両地区の 20〜64 歳人口と陪審員候補者の数 (Westbrooke, 1998).

地区	人口		陪審員候補者	
	先住民族	非先住民族	先住民族	非先住民族
ロトルア	8889	24009	79	258
ネルソン	1329	32658	1	56
合計	10218	56667	80	314

データ統合によって単純明快な全体像の情報提供を工夫することがあるが，シンプソンのパラドックスは組成データにおいてはデータ統合の危険性に警鐘を鳴らしていると考えられる．たとえば，テレビの視聴率データの場合，各テレビ局の毎分における視聴率データを提供するよりも，1 時間ごとに統合したり，1 日・1 週間の視聴率に統合することによって，情報提供者はわかりやすい統合データを提示することがあるかもしれない．しかし受け取り側は，シンプソンのパラドックスが発現しているのか否かを判断できないので，このデータをどのように見ればよいのかわからなくなる．このような悪意ないデータ改変は多々行われていると考えられ，現に筆者も，冒頭に示した表 1.1 にて，小林ほか (2000) の氷上花崗岩データ 44 個と三滝火成岩データ 13 個を統合したパーセント・データを示している．組成データを使用している限り，このよう

なサンプル (ケース) の統合による問題の発現がありうることを認識しておくべきであろう.

◆ 1.6　正規分布しない ◆

ここでは，組成データの確率分布について考える．Aitchison (1986) や Reyment (1989) は，組成データではその定義上，正規分布を仮定できないと述べている．そうであれば，組成データでは大多数の統計解析・多変量解析を実施する前提条件が保証されていないことになる．それどころか，よく利用される単純な統計量である平均値 (相加平均) や標準偏差もその意味を失う.

このことについて考察してみる．まず，組成データの変数には，最小値 (0) と最大値 (100) が存在する．この上限と下限が障壁となって組成データの変数は自由に変動ができないので，組成データは正規分布になじまない (図 1.11). たとえば，平均値が 1%である変数があったとすると，この変数は平均値のマイナス方向には 0〜1%までしか変動できないが，一方で，平均値のプラス方向には 1〜100%まで大きく変動できる．このため，最頻値を中心として，左右で変動幅が不均衡となり釣鐘型の正規分布を維持できず，正に歪んだ (正の歪度) 分布になりがちになる．同様に，代表値 (平均) が 100%に近い組成データの変

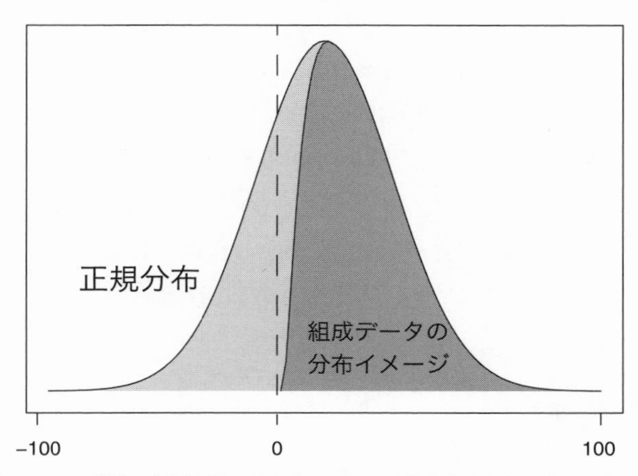

図 1.11　組成データの変数は有限区間に分布するので，正規分布をとりにくいことを示したイメージ図.

数は負に歪んだ (負の歪度) 分布になるだろう.

このために, Aitchison (1986) や Reyment (1989) は, 組成データはその定義上, 正規分布を仮定できないと述べているわけである. いくつかの具体例にて, これを確かめていく.

1.6.1 花崗岩の化学組成の事例

図 1.12 には花崗岩の化学組成 (小林ほか, 2000) のヒストグラムを示した. 0 重量%の組成データの下限に近い場所に最頻値をもつ元素は, やはり正に歪んだ分布をもつ (TiO_2, Fe_2O_3, MnO, MgO, CaO, P_2O_5). 逆に, 100 重量%の上限近くに最頻値をもつ SiO_2 は負に歪んだ分布を示す. 図 1.12 にはシャピロ–ウィルク検定 *11) の P 値 *12) も示した. シャピロ–ウィルク検定は, データが正規分布しているのかを検定でき, P 値が 0.01 以下の場合, 有意水準 1%でデータが正規分布に従っていないと判断できる. 検定の結果, この花崗岩では 10 個の主要元素すべてが, 正規分布に従っている母集団由来ではないと判断された.

1.6.2 砂粒子の鉱物組成の例

表 1.7 には別の事例として, 熊本県南部に分布するジュラ紀 *13) の砂岩 *14) の砂組成を示した (Ohta, 2008). これは, 砂岩中の砂粒子の種類を組成データ化したものである. シャピロ–ウィルク検定の有意水準を 5%に設定すると, 単晶質石英 (Qm) と斜長石 (Pl) 以外は正規分布に従うとはいえないと判断できる. 正規分布する母集団由来であると判断できる Qm と Pl は平均値が 20〜30%程度であり, 組成データの下限 (0%) と上限 (100%) から離れた中心近くに平均値があるので, 正方向にも負方向にも歪まなかったために正規分布を示した可能性がある. 現に Qm と Pl は歪度 *15) がゼロに近い値になっている. 対して,

---

*11) 正規分布に従う母集団に属するのかを検定する統計的仮説検定.

*12) 統計的仮説検定の際に設定した仮説の妥当性を示した確率のこと. 一般的に P 値が 5%または 1%以下の場合, 設定した仮説が棄却される.

*13) 約 2 億〜1 億 5000 万年前の恐竜が繁栄していた時代.

*14) 海底や湖底に溜まった砂が, その後に岩石化したもの.

*15) 正規分布からどれだけ中心 (最頻値) がずれているのかを示す指標値.

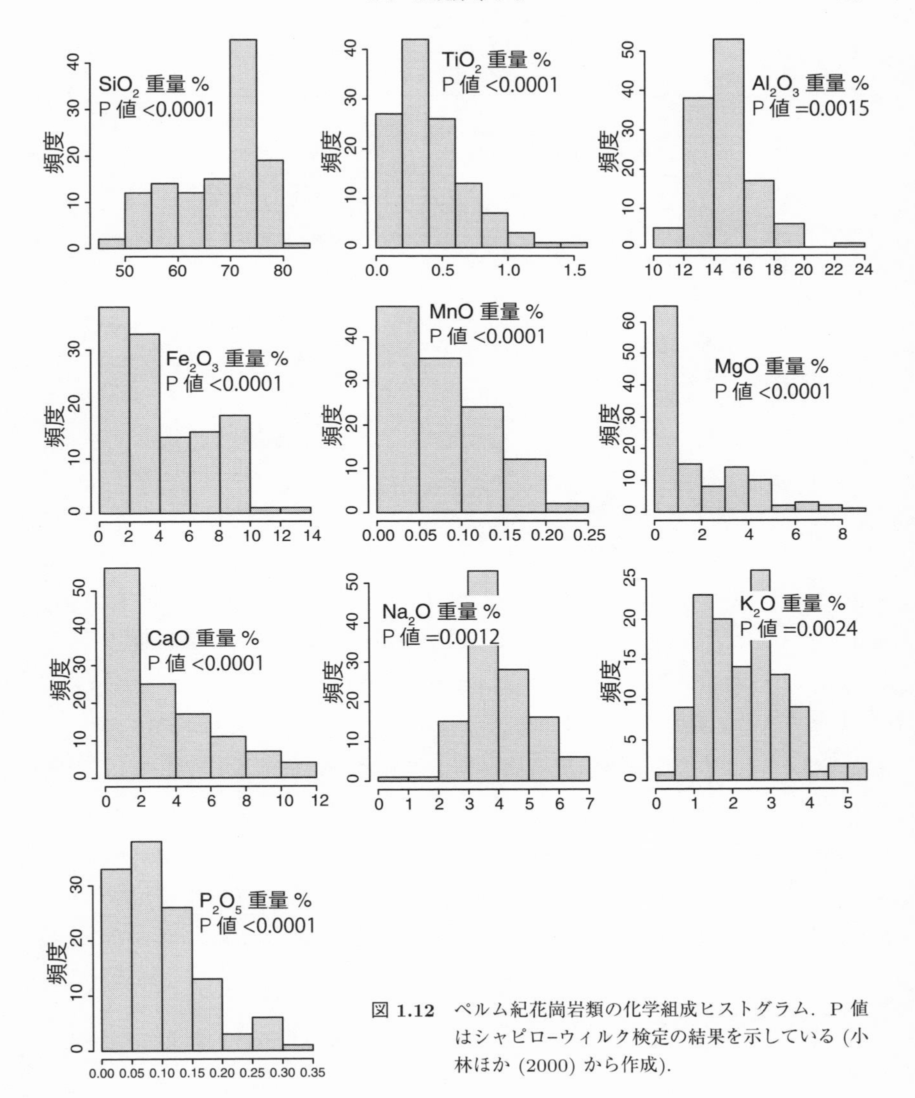

図 1.12　ペルム紀花崗岩類の化学組成ヒストグラム．P 値はシャピロ–ウィルク検定の結果を示している (小林ほか (2000) から作成)．

正規分布に従うと判断できない変数は，すべて平均値が小さく，組成データの下限である 0%に近い値となっている．結果，この表 1.7 の例でも 11 変数中，9 変数が正規分布を示していないという検定結果が出ており，組成データは多変量正規分布をとっていないことが実際のデータからも見てとれる．

表 1.7 ジュラ系葦北層群の砂岩モード組成データ (Ohta (2008) から作成). サンプル数は 49 試料で，各試料において砂粒子を 400 個計測した.

	平均値	標準偏差	歪度	P 値
単晶質石英 (Qm)	31.33	12.17	0.067	0.9859
多晶質石英 (Qp)	4.83	3.43	1.199	< 0.0001
波動消光石英 (Qw)	9.23	7.49	2.116	< 0.0001
チャート (Ch)	0.03	0.122	4.570	< 0.0001
斜長石 (Pl)	22.59	8.53	−0.091	0.2427
カリ長石 (K-F)	6.13	3.19	0.583	0.0412
火山岩岩片 (R_{vol})	11.81	9.27	3.816	< 0.0001
変成岩岩片 (R_{met})	0.61	0.82	2.017	< 0.0001
堆積岩岩片 (R_{sed})	1.05	1.14	2.061	< 0.0001
随伴鉱物 (Acc)	1.10	1.26	1.899	< 0.0001
マトリックス (M)	11.28	6.98	1.088	0.0001

1.6.3 組成データの確率分布

上記の 2 例で示したように，組成データは多変量正規分布を仮定できないので，正規分布を前提としているパラメトリック検定 *16) や多変量解析 *17) を実施できない．さらに，組成データにおいては，平均値 (相加平均) や標準偏差にも，実数と同じ意味を求めることはできないと考えておいたほうがよいであろう．では，組成データはどのような分布を示すのであろうか．かつては，単体空間に属する組成データのような多次元有限区間上の確率分布型として有望なものとしてディリクレ分布と歪正規分布があげられていた (Aitchison and Shen, 1980; Azzalini, 2005)．しかし，Aitchison and Shen (1980) と Aitchison (1986) によって，実空間の正規分布に対応する単体空間の確率分布型としてロジスティック正規分布 (logistic normal distribution) が定義された．これによって，正規分布に相当する確率分布が組成データにも用意されたわけだが，このことについては 3.5 節で紹介する．

*16) 正規分布に従うデータに対して用いることができる統計検定のこと．

*17) 複数の変数の相互関係を分析したり，複雑な変数間の関係を簡便な計算式で表現する方法．多くの場合，データが多変量正規分布に従うことが前提条件になる．

◆ ま と め ◆

本章で述べた，組成データの定数和制約を要約すると以下のようになる．

- 組成データは，一見，実数データと同等に見えるので，実数と同様に扱いがちである．これが組成データの取扱いを誤る原点となっている．
- 組成データは，絶対量変動の情報を記録していない．一方で，組成データは相対的変動の情報は保持している．ただし，組成データに内包されている相対的変動の情報は組成データそのままでは抽出できない (1.1 節).
- 組成データの標本空間は，実空間ではない．直交座標系に組成データを図示することは避けるべきである (1.2 節).
- 組成データは，変数の数と自由度が一致しない．組成データの中の 1 つの変数は「付け足し」程度の意味しかない変数である．このことから，組成データでは，回帰分析が，従来の意味を失う (1.3 節).
- 組成データでは相関係数が，従来の意味を失う (1.4 節).
- 組成データは成分の抜き差しによってデータ構造が激変する．また，データ内の成分の数と種類が完全に一致しない限り，組成データ同士を対比・比較することができない (1.5 節)
- 組成データは，平均値や分散・共分散構造が一律ではなく (1.5 節)，かつ，正規分布も仮定できないので，多くの統計解析を実施する前提条件が整っていない (1.6 節).

上記のことは要するに，組成データでは，サンプル間の比較をしてはいけない，そして，変数間の関係を議論してはいけないということになる．さらに，統計解析も実施できない．そうなると，組成データは科学や日常生活の判断材料として使えないことになってしまう．しかし，幸運なことに組成データの問題点である上記の定数和制約を解消する解析方法が 3 つ開発されている．次章以降ではそれらの方法論を紹介する．

◆ 補　　足 ◆

ここでは，Pearson (1897) で示された，組成データの相関係数が本来の意味を失っていることを紹介する.

1.　平均値の推定

w_i：基礎データの変数 i

x_i：組成データの変数 i

w_t：$\boldsymbol{w}$ の合計

$\varepsilon_{w_i} = w_i - \overline{w_i}$：$w_i$ の偏差

$\overline{w_i}$：w_i の平均値

s_{w_i}：w_i の標準偏差

$r_{(w_i,w_j)}$：w_i と w_j の相関係数

組成データ ($\boldsymbol{x}$) の平均値を，基礎データ ($\boldsymbol{w}$) で表すと以下のようになる (Pearson, 1897)：

$$\overline{x_i} = \frac{1}{n}\sum x_i = \frac{1}{n}\sum \frac{w_i}{w_t} = \frac{1}{n}\sum \frac{\overline{w_i}+\varepsilon_{w_i}}{\overline{w_t}+\varepsilon_{w_t}}$$
$$= \frac{1}{n}\frac{\overline{w_i}}{\overline{w_t}}\sum\left(\frac{\varepsilon_{w_i}}{\overline{w_t}}+1\right)\left(\frac{\varepsilon_{w_t}}{\overline{w_t}}+1\right)^{-1}.$$

ここで，偏差を平均で割った項は極小であるのでマクローリン展開すると，平均値は以下のようになる：

$$\overline{x_i} = \frac{1}{n}\frac{\overline{w_i}}{\overline{w_t}}\left(n + \frac{\sum\varepsilon_{w_i}}{\overline{w_i}} - \frac{\sum\varepsilon_{w_t}}{\overline{w_t}} + \frac{\sum\varepsilon_{w_t}^2}{\overline{w_t}^2} - \frac{\sum\varepsilon_{w_i}\varepsilon_{w_t}}{\overline{w_i}\,\overline{w_t}}\right)$$
$$= \frac{\overline{w_i}}{\overline{w_t}}\left(1 + \frac{\frac{1}{n}\sum{\varepsilon_{w_t}}^2}{\overline{w_t}^2} - \frac{\frac{1}{n}\sum\varepsilon_{w_i}\varepsilon_{w_t}}{\overline{w_i}\,\overline{w_t}}\right)$$
$$= \frac{\overline{w_i}}{\overline{w_t}}\left(1 + \frac{s_t^2}{\overline{w_t}^2} - r_{(w_i,w_t)}\frac{s_{w_i}s_{w_t}}{\overline{w_i}\,\overline{w_t}}\right)$$
$$= \frac{\overline{w_i}}{\overline{w_t}}\left(1 + V_{w_t}^2 - r_{(w_i,w_t)}V_{w_i}V_{w_t}\right).$$

2. 標準偏差の推定

$$
\begin{aligned}
s_{x_i}^2 &= \frac{1}{n}\sum(x_i-\overline{x_i})^2\\
&= \frac{1}{n}\sum(\frac{w_i}{w_t}-\overline{x_i})^2\\
&= \frac{1}{n}\sum(\frac{\varepsilon_{w_i}+\overline{w_i}}{\varepsilon_{w_t}+\overline{w_t}}-\overline{x_i})^2\\
&= \frac{1}{n}\frac{\overline{w_i}^2}{\overline{w_t}^2}\sum\left\{\left(\frac{\varepsilon_{w_i}}{\overline{w_i}}+1\right)\left(\frac{\varepsilon_{w_t}}{\overline{w_t}}+1\right)^{-1}-\overline{x_i}\right\}^2.
\end{aligned}
$$

ここで，偏差を平均値で割った項は極小であるのでマクローリン展開すると，

$$
\begin{aligned}
s_{x_i}^2 &= \frac{1}{n}\frac{\overline{w_i}^2}{\overline{w_t}^2}\sum\left\{1+\frac{\varepsilon_{w_i}}{\overline{w_i}}-\frac{\varepsilon_{w_t}}{\overline{w_t}}+\frac{\varepsilon_{w_t}^2}{\overline{w_t}^2}-\frac{\varepsilon_{w_i}\varepsilon_{w_t}}{\overline{w_i w_t}}-\overline{x_i}\right\}^2\\
&= \frac{1}{n}\frac{\overline{w_i}^2}{\overline{w_t}^2}\sum\left\{\frac{\varepsilon_{w_i}}{\overline{w_i}}-\frac{\varepsilon_{w_t}}{\overline{w_t}}+\frac{\varepsilon_{w_t}^2}{\overline{w_t}^2}-\frac{\varepsilon_{w_i}\varepsilon_{w_t}}{\overline{w_i w_t}}-V_{w_t}^2+r_{(w_i,w_t)}V_{w_i}V_{w_t})\right\}^2.
\end{aligned}
$$

なお，ε_{w_i}，$r_{(w_i,w_t)}$，V_{w_i} などは1以下の数値なので，これらの4乗算以上は無視できる．したがって，標準偏差は以下のようになる：

$$
s_{x_i} = \frac{\overline{w_i}}{\overline{w_t}}(V_{w_i}^2+V_{w_t}^2-2r_{(w_i,w_t)}V_{w_i}V_{w_t})^{1/2}.
$$

3. 相関係数の推定

$$
\begin{aligned}
r_{(x_i,x_j)} &= \frac{1}{ns_{x_i}s_{x_j}}\sum(x_i-\overline{x_i})(x_j-\overline{x_j})\\
&= \frac{1}{ns_{x_i}s_{x_j}}\sum\left(\frac{\varepsilon_{w_i}+\overline{w_i}}{\varepsilon_{w_t}+\overline{w_t}}-\overline{x_i}\right)\left(\frac{\varepsilon_{w_j}+\overline{w_j}}{\varepsilon_{w_t}+\overline{w_t}}-\overline{x_j}\right)\\
&= \frac{\overline{w_i}\,\overline{w_j}}{ns_{x_i}s_{x_j}\overline{w_t}^2}\sum\left\{\left(\frac{\varepsilon_{w_i}}{\overline{w_i}}+1\right)\left(\frac{\varepsilon_{w_t}}{\overline{w_t}}+1\right)^{-1}-\overline{x_i}\right\}\\
&\qquad\left\{\left(\frac{\varepsilon_{w_j}}{\overline{w_j}}+1\right)\left(\frac{\varepsilon_{w_t}}{\overline{w_t}}+1\right)^{-1}-\overline{x_j}\right\}\\
&= \frac{\overline{w_i}\,\overline{w_j}}{ns_{x_i}s_{x_j}\overline{w_t}^2}\sum\left\{\frac{\varepsilon_{w_i}}{\overline{w_i}}-\frac{\varepsilon_{w_t}}{\overline{w_t}}+\frac{\varepsilon_{w_t}^2}{\overline{w_t}^2}-\frac{\varepsilon_{w_i}\varepsilon_{w_t}}{\overline{w_i w_t}}-V_{w_t}^2\right.\\
&\qquad\left.+r_{(w_i,w_t)}V_{w_i}V_{w_t})\right\}
\end{aligned}
$$

$$\left\{\frac{\varepsilon_{w_j}}{\overline{w_j}} - \frac{\varepsilon_{w_t}}{\overline{w_t}} + \frac{\varepsilon_{w_t}^2}{\overline{w_t}^2} - \frac{\varepsilon_{w_j}\varepsilon_{w_t}}{\overline{w_j}\,\overline{w_t}} - V_{w_t}^2 + r_{(w_j,w_t)}V_{w_j}V_{w_t})\right\}.$$

ここで，数値が 1 以下の 3 乗算項以上を無視すると，

$$\begin{aligned} r_{(x_i,x_j)} &= \frac{\overline{w_i}\,\overline{w_j}}{ns_{x_i}s_{x_j}\overline{w_t}^2}\sum\left\{\frac{\varepsilon_{w_i}}{\overline{w_i}} - \frac{\varepsilon_{w_t}}{\overline{w_t}}\right\}\left\{\frac{\varepsilon_{w_j}}{\overline{w_j}} - \frac{\varepsilon_{w_t}}{\overline{w_t}}\right\} \\ &= \frac{\overline{w_i}\,\overline{w_j}}{s_{x_i}s_{x_j}\overline{w_t}^2}\Big(r_{(w_i,w_j)}V_{w_i}V_{w_j} - r_{(w_i,w_t)}V_{w_i}V_{w_t} \\ &\qquad - r_{(w_j,w_t)}V_{w_j}V_{w_t} + V_{w_t}^2\Big). \end{aligned}$$

したがって，最終的に下の式の相関係数が得られる (Pearson, 1897)：

$$r_{(x_i,x_j)} = \frac{r_{(w_i,w_j)}V_{w_i}V_{w_j} - r_{(w_i,w_t)}V_{w_i}V_{w_t} - r_{(w_j,w_t)}V_{w_j}V_{w_t} + V_{w_t}^2}{\sqrt{V_{w_i}^2 + V_{w_t}^2 - 2r_{(w_i,w_t)}V_{w_i}V_{w_t}}\sqrt{V_{w_j}^2 + V_{w_t}^2 - 2r_{(w_j,w_t)}V_{w_j}V_{w_t}}}. \tag{1.6}$$

図 1.4 の一様乱数の組成データの数値を代入すると，左辺の x_1 と x_2 の相関係数は -0.519 であり，右辺に基礎データの統計量を代入すると -0.520 となり，近似式 1.6 の妥当性がわかる．この複雑な式から，組成データの相関係数は，元来の変数間の変動を検知する指標にならないことがわかる (Pearson, 1897).

対数比解析

◆ 2.1 対数比解析とは ◆

前章で紹介したさまざまな問題点を組成データは内包している．この問題点を解消する方法の 1 つが，本章で紹介する対数比解析である．

Aitchison (1986) は，組成データが変数の相対的な情報のみを包有しており，この相対的な情報を引き出すのには，ある共通の変数でデータを規格化して，さらに対数変換することが有効であると主張した．すなわち，組成データを $\boldsymbol{x} = (x_1, x_2, \ldots, x_D)$ とすると，その対数比変換 (alr [*1)]) は以下のようになる．

$$\boldsymbol{x} = (x_1, x_2, \ldots, x_D)$$
$$\Downarrow$$
$$\left(\ln \frac{x_1}{x_D}, \ln \frac{x_2}{x_D}, \ldots, \ln \frac{x_{D-1}}{x_D}\right)$$

上記の例では，x_D を規格化成分として採用し，その他のすべての成分を割り算して，さらにその自然対数をとっている．このような変数変換を対数比変換 (logratio transformation) と呼び，これを利用したデータ解析を対数比解析 (logratio analysis) と称している (Aitchison, 1986)．この対数比変換は，比較的簡単な変数変換にすぎないが，多くの利点が存在する．その利点については次節以降で項目ごとに紹介する．

図 1.2 の箱の中の 3 色ボールの例で示せば，対数比変換後のデータは図 2.1

[*1)] 加法対数比の略．詳細は 2.8 節にて紹介する．

組成データ

x_{ij}	赤	青	黒
A	16.7	33.3	50.0
B	27.2	36.4	36.4
C	50.0	37.5	12.5

対数比変換

	ln(赤/黒)	ln(青/黒)	
A	−1.10	−0.406	
B	−0.291	0.00	
C	1.39	1.10	

図 **2.1** 箱 A, B, C のボール数組成データの対数比変換.

の下段のようになる．変換後のデータは $-\infty$ から $+\infty$ まで変動可能な実数になっている点に注目されたい．

対数比変換には，3 つの種類が存在する．まずは一番単純な形態である上記の対数比 (alr 変換) のみを用いて，対数比データの性質を解説する．これは，3 種類の解説を逐一展開すると，内容全体の把握が困難になるので，最も単純な対数比変換のみについて解説する．その後，2.8 節にて，改めて 3 つの対数比変換を紹介する．

図 2.2 には，対数比変換の具体例を示した．これは，図 1.4 ならびに図 1.8 で示した一様乱数の例である．図 2.2a は，一様乱数から作成した組成データを 2 次元単体空間にプロットしたものである．これを対数比変換したのが図 2.2b になる．まず，対数比変換した変数は，図 2.2b のように，2 次元直交座標系に図示できる点に注目されたい．これについては，2.2 節にて解説する．組成データそのままを直交座標系に図示した際に現れた強い負の相関 (図 1.4) は見られない．ただ，元の基礎データが無相関 (図 1.4) だったのにもかかわらず，弱い正の相関が現れているという問題が見られる．この図 2.2b では x_3 の値が小さ

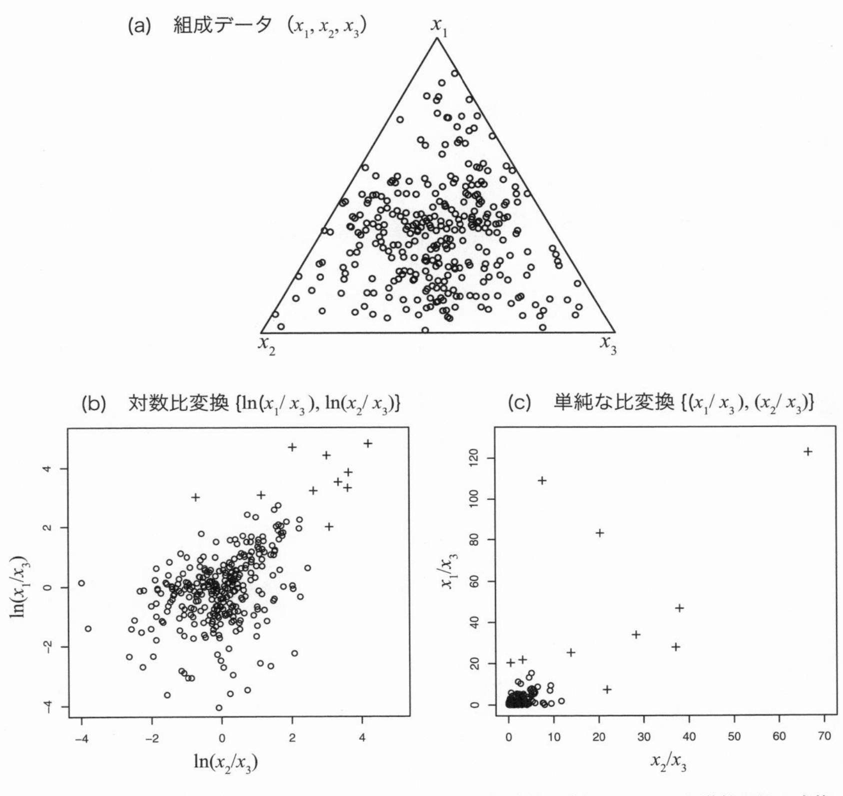

図 2.2　一様乱数から作成した組成データ (a) と，それを対数比変換した (b) と単純な比に変換した (c) の比較.

かった 10 ケース (サンプル) を + 印で示してある．x_3 が極小 (対数比の分母が極小) である場合，生成される対数比データの値は大きくなる傾向にあるので，全体としては弱い正の相関が現れる場合がある.

さて，単純な成分の「比」でも，相対的な変動の情報を引き出せることを，図 1.3 のカラーボールの例で紹介した．そうであるならば，上記で示した「対数比変換」のような複雑な操作は不要だろうと思われるかもしれない．しかし，図 2.2c には，組成データの単純な比を図示しているが，単純な比の問題点の一端がこの図に現れている．それは，この図でも x_3 の値が小さかった 10 ケース (サンプル) を + 印で示してある．単純な比では，これらがより極端な外れ値として現れるのである．この単純な比のデータ形式ではデータの構造を把握することが困難である．この一例のように，単純な比よりも対数比のほうが，データ解析において有利な点が多々ある．その利点については 2.2 節～2.6 節にて適宜触れた上で，2.7 節において「単純な比」と「対数比」の比較をまとめる．

2.2 空間・次元の問題解消

2.2.1 実空間への写像

ここでは，図 2.1 のカラーボールの例に，再度立ち返る．箱 A (サンプル A) の基礎データの合計を $w_{(\mathrm{A},t)} = w_{(\mathrm{A},\,赤)} + w_{(\mathrm{A},\,青)} + w_{(\mathrm{A},\,黒)}$ とすると，この箱 A の対数比データを基礎データで表現すると以下のようになる．

$$\left\{x_{(\mathrm{A},\,赤)},\quad x_{(\mathrm{A},\,青)},\quad x_{(\mathrm{A},\,黒)}\right\}$$

$$\Downarrow \text{対数比変換}$$

$$\begin{aligned}
\mathrm{alr}(\boldsymbol{x}) &= \left(\ln\frac{x_{(\mathrm{A},\,赤)}}{x_{(\mathrm{A},\,黒)}},\quad \ln\frac{x_{(\mathrm{A},\,青)}}{x_{(\mathrm{A},\,黒)}}\right)\\
&= \left(\ln\frac{w_{(\mathrm{A},\,赤)}/w_{(\mathrm{A},t)}}{w_{(\mathrm{A},\,黒)}/w_{(\mathrm{A},t)}},\quad \ln\frac{w_{(\mathrm{A},\,青)}/w_{(\mathrm{A},t)}}{w_{(\mathrm{A},\,黒)}/w_{(\mathrm{A},t)}}\right)\\
&= \left(\ln\frac{w_{(\mathrm{A},\,赤)}}{w_{(\mathrm{A},\,黒)}},\quad \ln\frac{w_{(\mathrm{A},\,青)}}{w_{(\mathrm{A},\,黒)}}\right)
\end{aligned}$$

この対数比変換の，最初に注目すべき性質は以下の 3 点である．

1 点目は，最初の変数が $\ln(x_{(\mathrm{A},\,赤)}/x_{(\mathrm{A},\,黒)}) = \ln(w_{(\mathrm{A},\,赤)}/w_{(\mathrm{A},\,黒)})$ となる点である．対数比変換によって，基礎データの相対的な変動の情報 ($\boldsymbol{w}$) を，手持ちの組成データ ($\boldsymbol{x}$) で再現できている．

2 点目は，組成データの変数の数は 3 個であるのに対して，対数比変換後の変数の数は 2 個になっていることである．すなわち，$x_{(\mathrm{A},\,黒)}$ を規格化成分として使用しているので，変数が 1 つ減り，変数の数と自由度が一致する．組成データでは，変数のうちその 1 つが，飾り付け程度の意味しかない変数であると述べたが，対数比変換の後はすべての変数に意味をもたせることができる．よって，変数の数と自由度が合わないという組成データの問題点 (1.3 節) が，対数比変換後のデータでは解消されていることになる．

3 点目は，$\ln(x_{(\mathrm{A,\ 赤})}/x_{(\mathrm{A,\ 黒})})$ では，基礎データの総和の項 $w_{(\mathrm{A},t)}$ が消去されている点である．前章で組成データでは，基礎データの総和の項 $w_{(\mathrm{A},t)}$ が相関係数などを改変していると述べたが，対数比変換後のデータでは $w_{(\mathrm{A},t)}$ が消去されているのでこの影響がなくなる．

この 3 点が意味することは次節以降でより詳しく述べるが，組成データの定数和制約が解消されることを意味している．

1.2 節で述べて，図 1.7 で示したように，組成データの標本空間である単体空間は，実空間に内包されている限局的な空間である．3 成分からなる組成 $\boldsymbol{x} = (x_1, x_2, x_3)$ の標本空間は 2 次元の単体空間になる (図 2.3a)．これが対数比変換によって，$[\ln(x_1/x_3),\ \ln(x_2/x_3)] = (y_1, y_2)$ の 2 次元空間に写像される (図 2.3b)．

このように，対数比変換後のデータは，実空間に属する実数に変換されるわけである．実空間に属する実数に対しては，さまざまな演算と統計解析が古くから提唱されている．これらを，対数比変換後のデータに対して施すことができるようになったわけである．

したがって，まとめると，対数比変換は，制約条件が存在する単体空間から，「なじみ深い実空間」に移動して，「なじみ深い実数の演算・統計解析」にてデー

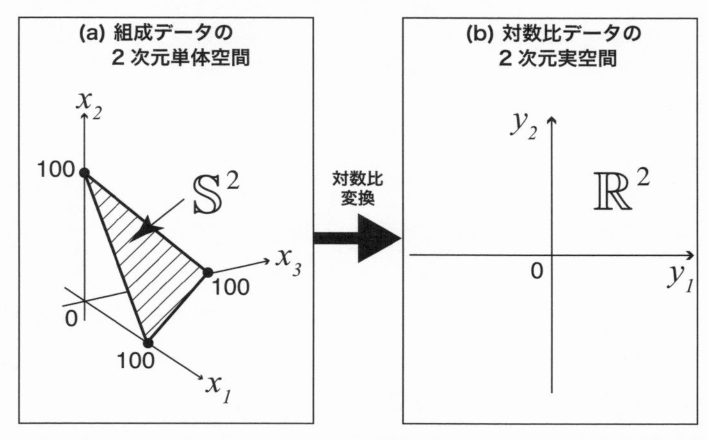

図 2.3 対数比変換の標本空間イメージ．3 成分からなる組成データは，3 次元空間に内包された 2 次元空間が標本空間である (a)．この組成データを対数比変換すると 2 次元の実空間に写像される (b)．

タを評価することを可能にするのである.

2.2.2 対数比の実例：花崗岩類の化学組成

次に，実際のデータを用いた対数比変換の性質を紹介する．表 1.1 の花崗岩類の化学組成データを対数比変換したものを表 2.1 に示す．この場合，元の組成データは 10 成分あったが，9 次元単体空間 ($\mathbb{S}^9$) に属していた．これが，対数比変換によって，9 次元実空間 ($\mathbb{R}^9$) に属する実数データに変換される．この例では P_2O_5 を対数比変換の規格化成分に選んでいるが，何を規格化成分に設定すればよいのかが疑問になるかもしれない．基本的に，対数比変換においては，規格化成分の選択はある程度自由であり，任意に選定してよい．その理由はこれから述べていく.

表 2.1 花崗岩類の化学組成の対数比データ.

	$\ln \frac{SiO_2}{P_2O_5}$	$\ln \frac{TiO_2}{P_2O_5}$	$\ln \frac{Al_2O_3}{P_2O_5}$	$\ln \frac{Fe_2O_3}{P_2O_5}$	$\ln \frac{MnO}{P_2O_5}$
氷上花崗岩	6.179	1.312	4.730	3.613	−0.2430
三滝火成岩	5.402	1.442	4.057	3.513	−0.6190

	$\ln \frac{MgO}{P_2O_5}$	$\ln \frac{CaO}{P_2O_5}$	$\ln \frac{Na_2O}{P_2O_5}$	$\ln \frac{K_2O}{P_2O_5}$
氷上花崗岩	2.430	2.944	3.258	2.985
三滝火成岩	2.780	3.474	2.647	1.161

次に，生の組成データと対数比データを利用した場合のデータ解釈の差異を見てみる.

図 2.4 には，表 2.1 で示した小林ほか (2000) の花崗岩類の化学組成の対数比データを，実際に実空間に図示した．図 2.4 の上段は組成データそのもののプロット，下段はその対数比データのプロットである．組成データでは，SiO_2 と Al_2O_3 および，SiO_2 と TiO_2 には強い負の相関が読み取れる．すでに，ここまで読み進めていただいた読者であれば，この負の相関は定数和制約と直交座標系に描写したことによる見かけ上の関係である可能性を疑うであろう.

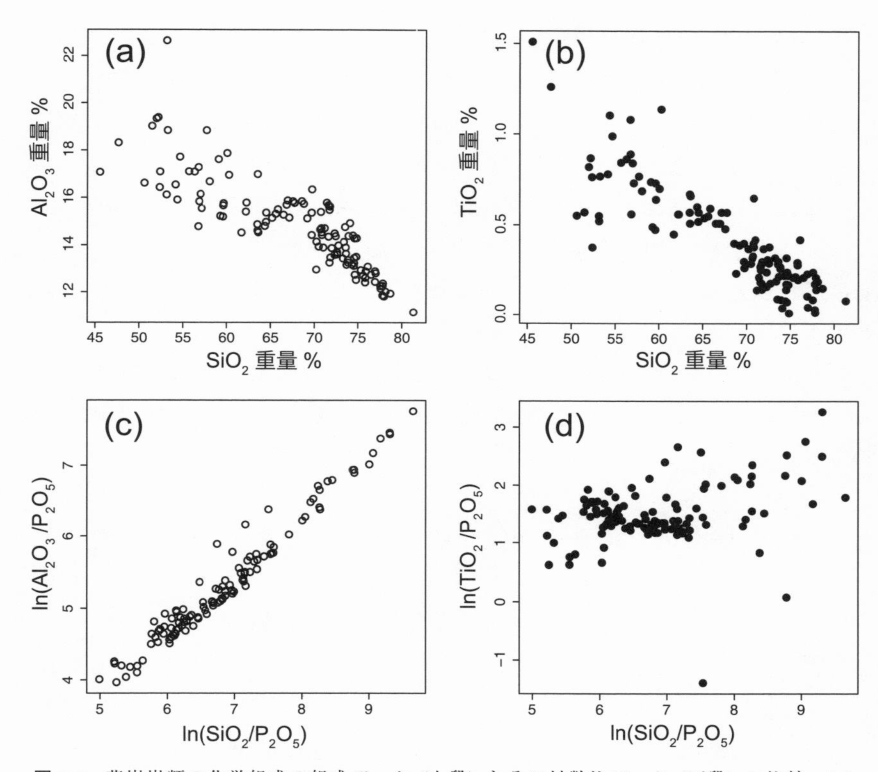

図 2.4　花崗岩類の化学組成の組成データ (上段) とその対数比データ (下段) の比較. (a) SiO_2 重量%−Al_2O_3 重量%, (b) SiO_2 重量%−TiO_2 重量%, (c) $\ln(SiO_2/P_2O_5)$−$\ln(Al_2O_3/P_2O_5)$, (d) $\ln(SiO_2/P_2O_5)$ − $\ln(TiO_2/P_2O_5)$.

この組成データに対して, 対数比データではどのようになるのかを比較する. 対数比変換後では, SiO_2 と Al_2O_3 の関係は正の相関を, SiO_2 と TiO_2 の関係は弱い正の相関から無相関を示した (図 2.4 下段). この対数比変換後の結果は, 地質学的・鉱物学的には妥当な結果であると評価できる. なぜなら, 花崗岩中の鉱物で, Al_2O_3 を含有するのは, 長石・黒雲母・角閃石が主たるものであり, これらの鉱物は同時に SiO_2 も含有する. したがって, 個々のサンプルにて, これらの鉱物が増減すれば, SiO_2 と Al_2O_3 がともに増減することになる. その結果, SiO_2 と Al_2O_3 は正の相関を示すはずであり, 図 2.4c は, その関係を復元している.

また，花崗岩中の鉱物で，TiO_2 を含有するものとしては，チタン鉄鉱 ($FeTiO_3$) とチタン石 ($CaTiSiO_5$) がある．両鉱物ともごく微量しか存在しないので，TiO_2 の絶対量 (モル数) は微量しかないのに対して，主要成分である SiO_2 の絶対量は桁違いに大きく変動するので両者は無相関になると考えられる．さらに，前者の鉱物，チタン鉄鉱は SiO_2 を含有しないので，チタン鉄鉱の含有量変化では TiO_2 は増減しても，SiO_2 は増減せず，両者は無相関になる．したがって，TiO_2 と SiO_2 の関係が無相関であることを示している図 2.4d は合理的であると考えられる．

図 2.4 下段の対数比変換における規格化成分を，P_2O_5 以外のものに変更しても，おおよそ，SiO_2 と Al_2O_3 に正の相関が，SiO_2 と TiO_2 には無相関が現れることを言及しておく．

◆ 2.3 成分の「追加・削減」に対するデータ構造の不変性 ◆

1.5 節にて，組成データでは，成分を追加したり，削減したりすると，平均値と分散・共分散構造が改変されることを紹介した．そしてこの成分の抜き差しという行為によって，都合の良いデータの作成が不可能ではないという問題点を指摘した．また，都合の良い組成データを作成したいという悪意がなかったとしても，たとえば，岩石の化学組成分析では，使用した分析機器やその設定によって，そもそも，得られる元素・酸化物の種類や数が異なることがありうるという問題提起をした．この組成データの定数和制約の一側面を「副組成間の不整合性」という名称で 1.5 節にて紹介した．

2.3.1 平均値と標準偏差の不変性

では，対数比解析においては，この問題はどうなるのか見てみよう．表 1.4 では，氷上花崗岩の化学組成データを例にして，SiO_2 成分を抜いた場合の組成データ (副組成 1)，そして，さらに TiO_2, MnO, CaO を抜いた組成データ (副組成 2) を示した．そうすると，組成データの平均値・標準偏差・相関係数が変化することを示した．

表 2.2 には，表 1.4 で副組成間の不整合性が問題となった組成データの対数

表 2.2　表 1.4 と同様に，組成データからいくつかの成分を抜いた全組成・副組成 1・副組成 2 における，その対数比変換データの平均値と標準偏差．全組成・副組成 1・副組成 2 においても，対数比データでは平均値・標準偏差が変化しない．

	全組成		副組成 1		副組成 2	
	平均	標準偏差	平均	標準偏差	平均	標準偏差
$\ln(SiO_2/P_2O_5)$	6.641	0.6390	—	—	—	—
$\ln(TiO_2/P_2O_5)$	1.347	0.1962	1.347	0.1962	—	—
$\ln(Al_2O_3/P_2O_5)$	5.063	0.4760	5.063	0.4760	5.063	0.4760
$\ln(Fe_2O_3/P_2O_5)$	3.616	0.2385	3.616	0.2385	3.616	0.2385
$\ln(MnO/P_2O_5)$	−0.2939	0.3910	−0.2939	0.3910	—	—
$\ln(MgO/P_2O_5)$	2.345	0.3614	2.345	0.3614	2.345	0.3614
$\ln(CaO/P_2O_5)$	2.961	0.6346	2.961	0.6346	—	—
$\ln(Na_2O/P_2O_5)$	3.502	0.6004	3.502	0.6004	3.502	0.6004
$\ln(K_2O/P_2O_5)$	3.345	0.9072	3.345	0.9072	3.345	0.9072
P_2O_5 規格化成分	—	—	—	—	—	—

比変換データを示した．対数比変換の規格化成分はどれでもよいのだが，この場合は末尾の P_2O_5 を規格化成分として選んだ．たとえば，$\ln(Al_2O_3/P_2O_5)$ は，全組成，一部を抜いた副組成 1，さらに複数の成分を抜いた副組成 2 の，すべてにおいて，平均値は 5.063 で一致し，標準偏差も 0.4760 と同値を返している．もちろん，Al_2O_3 だけでなく，すべての成分が，全組成・副組成 1・副組成 2 において，その平均値・標準偏差は同値になる．

2.3.2　相関係数の不変性

また，組成データでは，全組成・副組成 1・副組成 2 で相関係数 (共分散) が激変することも図 1.9 にて紹介した．組成データそのものでは，全組成と副組成において，正の相関が負の相関に改変されたり (図 1.9 の Al_2O_3 と Fe_2O_3)，その逆で負の相関が正の相関に改変されたり (図 1.9 の Al_2O_3 と K_2O)，あるいは，相関係数がほぼ不変 (図 1.9 の Fe_2O_3 と MgO) である場合が存在しており，成分の抜き差しで相関係数は千差万別の変化を示していた．

では，対数比データにてこの問題がどうなるのか見てみよう．図 2.5 には，図 1.10 の組成データを対数比変換した場合の相関係数を示した．対数比データの場合は，全組成・副組成 1・副組成 2 においても相関係数が変化しないことがわかる．相関係数 (共分散) が一義的であるというよりは，対数比データでは，

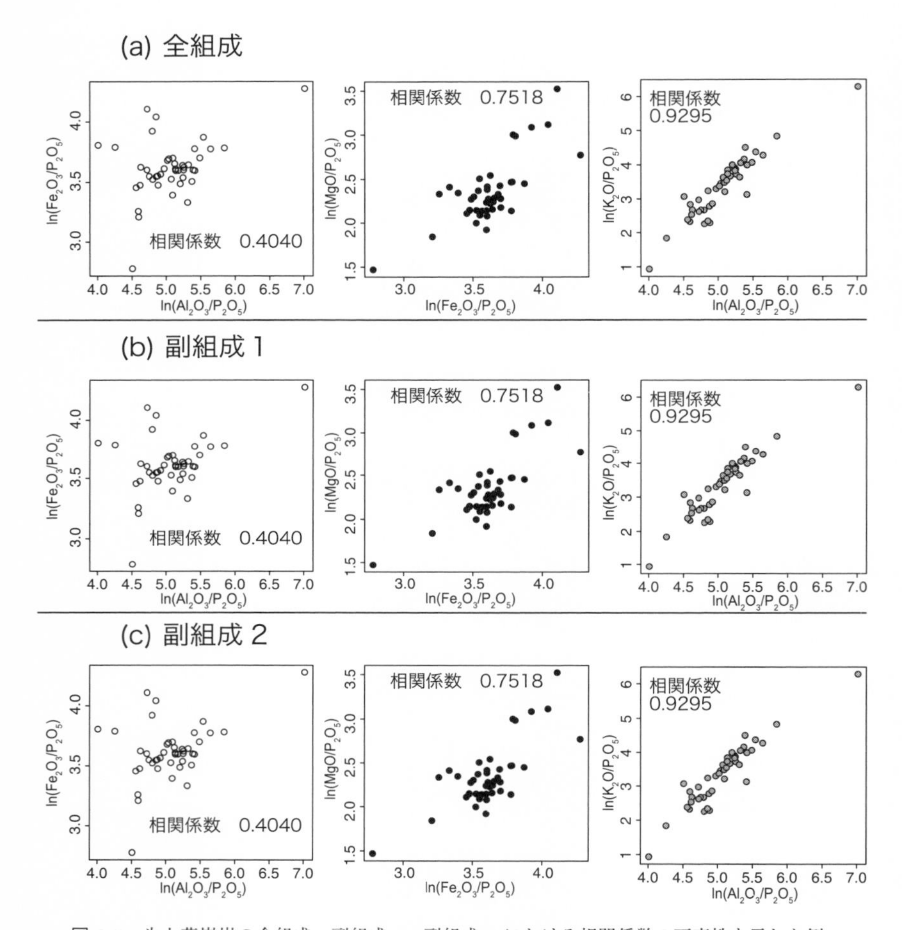

図 2.5　氷上花崗岩の全組成・副組成 1・副組成 2 における相関係数の不変性を示した例.

全組成・副組成 1・副組成 2 においてデータ構造が不変であることがわかる.

対数比データでは，変数を抜き差ししても，データ構造が一義的であるという事実は大きな利点であるとともに，図 2.5 の内容は地質学的にも合理的である. 図 2.5 で使用した，元データの氷上花崗岩には，構成鉱物として黒雲母・角閃石・緑泥石が含まれている. これらの鉱物は構成酸化物として Al_2O_3 と Fe_2O_3 と MgO を含んでいるので，黒雲母・角閃石・緑泥石が増加すれば，Al_2O_3 と Fe_2O_3 と MgO の含有量は増加し，必然的に正の相関を示すはずである. 現に，

図 2.5 において，これらの元素は正の相関を示している．

また，氷上花崗岩の構成鉱物にはカリ長石も含まれており，この鉱物は Al_2O_3 と K_2O を含んでいる．したがって，カリ長石の含有量が増減すれば，Al_2O_3 と K_2O はともに増減するはずなので，両酸化物は正の相関を示すはずである．現に，図 2.5 で示した Al_2O_3 と K_2O の対数比データは正の相関を示している．しかし，組成データそのものの全組成 (図 1.10) では，Al_2O_3 と K_2O は負の相関を示していた．Al_2O_3 の含有量はカリ長石以外の鉱物からも供給されるので，Al_2O_3 と K_2O が無相関になることはありえるが，Al_2O_3 と K_2O に負の相関が発生することは，カリ長石の元素組成から考えられない．

本節の内容をまとめると，組成データでは，成分の追加や削減で，平均値，分散・共分散構造が改変され，成分の選択によって多数のデータ構造が生成される．しかし，対数比データではそのような問題が浮上せず，データ構造に普遍性があり，一義的な解釈しか成立しない．この対数比データの性質を副組成間の整合性 (subcompositional coherency: Aitchison, 1986) と呼ぶ．

◆ 2.4 「分母分子」入れ替えに対するデータ構造の不変性 ◆

2.3 節にて，対数比データは，成分の追加・削減の操作に対してデータ構造が不変であることを述べた．さらに，対数比データでは，分母と分子の間に対称特性が存在し，分母と分子を入れ替えてもデータ構造が不変であるという特性が存在する．

ここでは，一様乱数から作成した人工データを再度利用する (図 1.4，図 2.2)．組成データ $\boldsymbol{x} = (x_1, x_2, x_3)$ の x_3 を規格化成分として採用して，単純な比 x_1/x_3 と x_2/x_3 の平均・分散・共分散の値を表 2.3 左に示した．そして，分母と分子を入れ替えた x_3/x_1 と x_3/x_2 の平均・分散・共分散の値も表 2.3 右に示した．

表 2.3 一様乱数の基礎データから作成した組成データの比の統計量．

単純な比	x_1/x_3	x_2/x_3	x_3/x_1	x_3/x_2
平均	2.320	3.186	1.998	2.548
分散	30.86	128.7	19.58	31.76
共分散	46.99		1.433	

分母と分子を入れ替えた x_1/x_3 と x_3/x_1 では平均値と分散値が一致しないことがわかる．x_2/x_3 と x_3/x_2 の関係も同様である．さらに，x_1/x_3 と x_2/x_3 の共分散と，x_3/x_1 と x_3/x_2 の共分散も一致しない．つまり，組成データの単純な比では，分母分子を入れ替えると，あるいは，規格化成分を変えると，全く異なる変数が生成されることになる．

表 2.4 には，表 2.3 の対数比変換を示した．分母と分子を入れ替えた $\ln(x_1/x_3)$ と $\ln(x_3/x_1)$ では平均値の絶対値と分散が一致していることがわかる．当然，$\ln(x_2/x_3)$ と $\ln(x_3/x_2)$ の関係も同様である．また，共分散の値も分母分子を入れ替えた対数比データで同値を返している (表 2.4 下段)．このように，対数比データは分母分子の入れ替えを行ってもデータ構造は不変である．対数比データでは平均値のみが，プラスマイナスの符号が反対になってしまうが，この点はほぼ問題とならない．というのは，ほとんどの統計解析・多変量解析において，個々の数値 (または，その平均値) の正負の符号が，解析結果に影響することはない．

表 2.4　一様乱数の基礎データから作成した組成データの対数比の統計量．

対数比	$\ln(x_1/x_3)$	$\ln(x_2/x_3)$	$\ln(x_3/x_1)$	$\ln(x_3/x_2)$
平均	0.03849	−0.02559	−0.03849	0.02559
分散	1.390	1.791	1.390	1.791
共分散	0.7921		0.7921	

2.3 節では，成分の抜き足しをしても，対数比データではデータ構造 (平均，分散，共分散) が一義的であることを述べた．さらに，本節では，規格化成分の選択によっても，対数比データではデータ構造が一義的であることを紹介した．この事実は，統計解析・多変量解析の結果に多数のバリエーションが発生しないことを示しており，データ解析者の立場から見ると，とても都合の良い性質を有しているといえる．

◆ 2.5　正規性の復元 ◆

1.6 節で紹介したように，組成データはその定義上，正規分布を仮定できな

い (Aitchison, 1986; Reyment, 1989). 一方，対数比変換後のデータは，正規分布に「なじむ」ことが多くの論文で示唆されている (Aitchison, 1986; Barceló-Vidal *et al.*, 1996; Reyment, 1989; Weltje, 2002). ここでは，図 1.4 で示した一様乱数に類似する事例として，今回は正規分布から生成した乱数によって，このことを確かめよう．

2.5.1 乱数による正規性の検証

図 2.6 には，正規分布に従う母集団から無作為抽出した乱数で作成した基礎データ w_1, w_2, w_3 のヒストグラムを示している．w_1, w_2, w_3 の (母平均，母標準偏差) は，それぞれ (100, 33)，(150, 50)，(200, 66) に設定した．図 2.6 には，w_1, w_2, w_3 のシャピロ－ウィルク検定結果の P 値も記載している．正規分布から無作為抽出したので，w_1, w_2, w_3 は当然ながら正規分布に従っている．一方で，図 2.6b には w_1, w_2, w_3 を組成データに変換した x_1, x_2, x_3 のヒスト

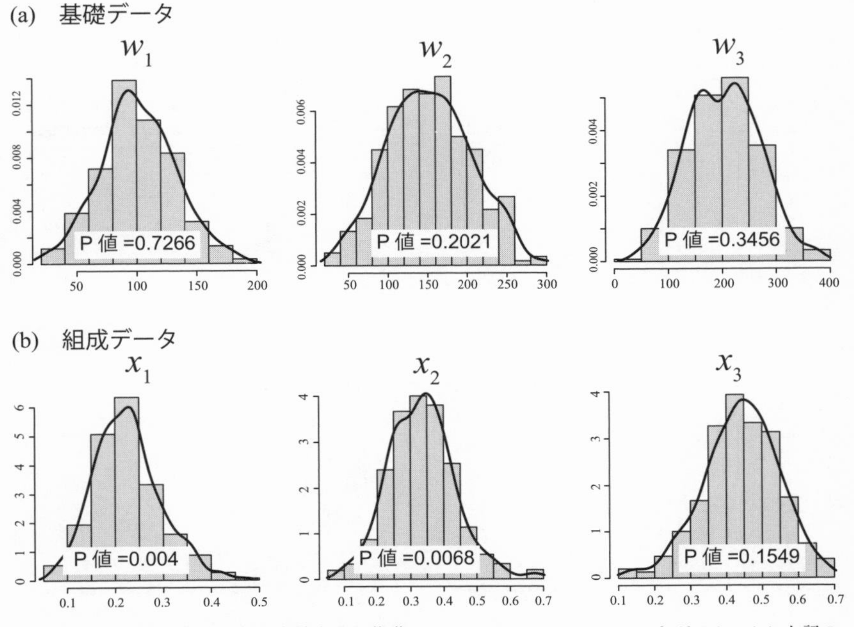

図 2.6 (a) 正規分布から無作為抽出した基礎データ (w_1, w_2, w_3) のヒストグラム．(b) 上記の基礎データを組成データに変換した (x_1, x_2, x_3) のヒストグラム．

グラムとシャピロ–ウィルク検定の P 値を示している．有意水準を 1%とすると組成データのうち x_1, x_2 の 2 成分は帰無仮説が棄却されて，正規分布に従っていないと判断できる．1.6 節で紹介した事例と同様に，今回の例でも，元となる基礎データが正規分布していたとしても，その組成データでは正規性が担保されないことを示している．

さて，図 2.7a には，図 2.6 の組成データ (x_1, x_2, x_3) を対数比変換した際のヒストグラムとシャピロ–ウィルク検定の P 値を示した．$\ln(x_2/x_3)$ について

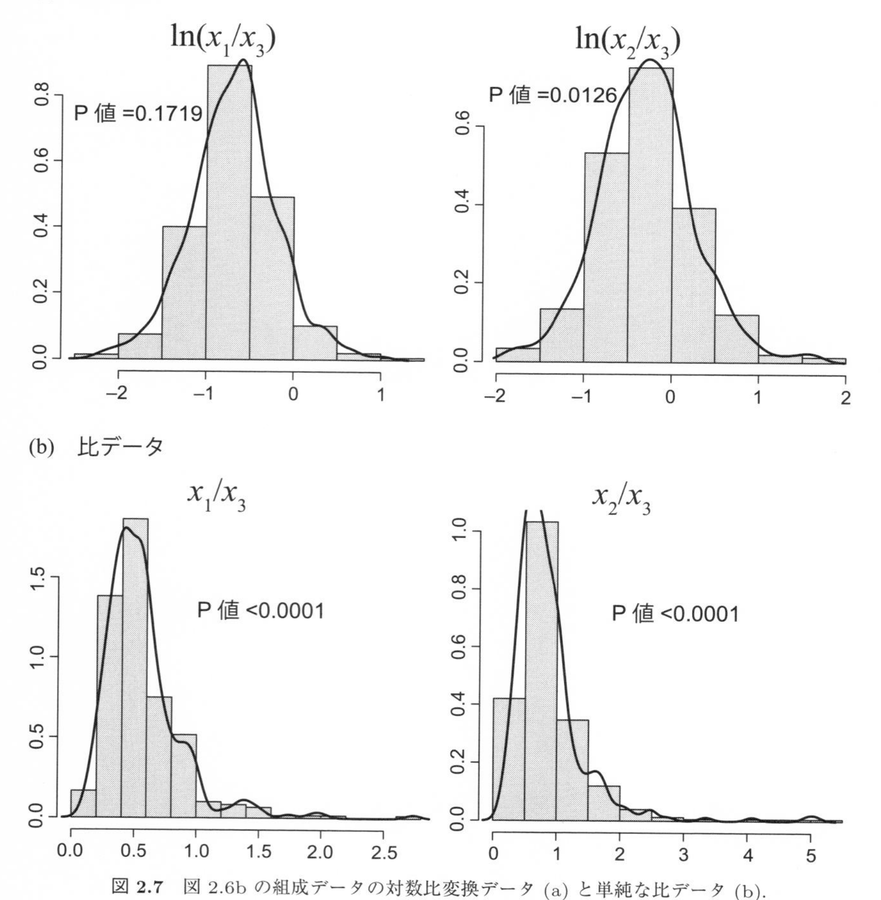

図 **2.7** 図 2.6b の組成データの対数比変換データ (a) と単純な比データ (b).

はP値が低いものの，有意水準を1%と設定した場合，対数比変換後の両変数とも正規分布に従っていると判断できる．$\ln(x_2/x_3)$ のヒストグラムを詳細に見ると，最大値の2に近い値をもつサンプルの存在が，正規分布からやや外れる要因になっていることがわかる．参考として，図2.7bには組成データの単純な比をとった場合も示してあるが，単純な比では正規分布から大きく外れることが見てとれる．これについては2.7節にてより詳しく触れる．

2.5.2 天然のデータによる正規性の検証

次に，天然のデータにおける事例も紹介する．表2.5には，花崗岩類の化学組成データを対数比変換し，その正規性を検定した結果を示している．この対数比データの元となる組成データのヒストグラムと正規性検定結果は図1.12にて示してある．図1.12の組成データでは，10個の成分すべてが正規分布に従っていなかった．一方，これを対数比データに変換した表2.5では，有意水準を1%とした場合，$\ln(SiO_2/K_2O)$, $\ln(MgO/K_2O)$, $\ln(Na_2O/K_2O)$ の3つ以外は，正規分布していると判断できる．すなわち，対数比変換後では9成分中，6成分が正規分布しているということができ，元の組成データより，多変量正規分布により近いことがわかる．

表 2.5 花崗岩類の化学組成データ (図 1.12) を対数比変換したデータの正規性検定結果.

	P 値
$\ln(SiO_2/K_2O)$	0.0006
$\ln(TiO_2/K_2O)$	0.0506
$\ln(Al_2O_3/K_2O)$	0.1051
$\ln(Fe_2O_3/K_2O)$	0.1641
$\ln(MnO/K_2O)$	0.1906
$\ln(MgO/K_2O)$	0.0052
$\ln(CaO/K_2O)$	0.1000
$\ln(Na_2O/K_2O)$	0.0001
$\ln(P_2O_5/K_2O)$	0.0780

2.5.3 対数比データの正規性復元は完璧ではない

まとめると，図2.7と表2.5の乱数と天然のデータの両方において，組成データよりも対数比データのほうが正規分布になじむといえることがわかった．しかし，対数比データが必ず正規分布に従うというわけではない点に注意が必要であろう．対数比データにおいて，正規性が復元されるのかは，分母に配置した規格化成分に大きく依存している．現に，表2.5の花崗岩の天然データの例では，正規性の復元の再現性が良かった K_2O で規格化した場合の，ある意味，都合の良い例を示している．表2.5の花崗岩類の化学組成データにおいて，規格化成分をほかの変数に変更すると，正規性はほとんど復元しなかった．したがって，本節冒頭で「対数比変換後のデータは，正規分布に『なじむ』」と述べたが，正規性が保証されているわけではない点には注意を要するであろう．

正規性の復元度合いが対数比の規格化成分に依存するという点は，対数比解析の欠点であるといえるだろう．しかし，この欠点も工夫次第で改善できる．これはどういうことかというと，対数比変換の際の規格化成分の選択は，ある程度，任意に選ぶことが可能なのである (この点については，2.8節にて詳細を解説する)．したがって，多変量正規分布の復元が重要となるようなデータ解析の場面においては，正規性の復元の良好さを基準にして，対数比変換の変数選択を行えばよいのである．

◆ 2.6　組成データの利点は対数比も継承 ◆

第1章では，組成データの定数和制約を紹介して，その直接的な利用に際しては多数の問題点があることを紹介した．しかし，組成データは利便性が高いデータ形式であることも事実であり，だからこそ，科学の分野や日常生活で活用されてきた．では，組成データが利用され続けた最大の利点は何かというと，それは，定数和制約そのものである．定数和制約は組成データの短所であり，長所でもあったのである．その長所とは，つまり，総量・総数が異なるサンプル (ケース) のデータも一律に規格化できるという点である．そして，この組成データの，唯一ともいえる長所は，対数比データにも引き継がれている．

筆者は大学院生時代，組成データを対数比変換した解析結果を，日本のある学会誌に投稿した．しかし，組成データの利点を排除した奇抜な変数変換をしているとの理由から，論文掲載を拒否された．残念な経験である，しかし，冷静に考えれば組成データの利点は，対数比データにも引き継がれていることがわかると思う．

このことを，図 2.8 にて例示する．仮に，岩石の粉末試料から，その化学組成を分析する場面を想定しよう．研究室 1 では岩石の化学組成を分析する際には，その岩石粉末 100 g を要する分析体系を構築していたとする．一方，研究室 2 では岩石の化学組成を分析する際には，その岩石粉末 10 g を要する分析体系を構築していたとする．そうすると，当然ながら，粉末 1 と粉末 2 の SiO_2 量や Al_2O_3 量を直接比較すると，研究室 1 と研究室 2 で同一試料を分析しているのかどうかが不明となり，ある種の規格化が必要となる．

そこで，パーセント・データへの変換が求められる．岩石粉末 100 g を分析した場合と，岩石粉末 10 g を分析した場合のデータを組成データ化したもの

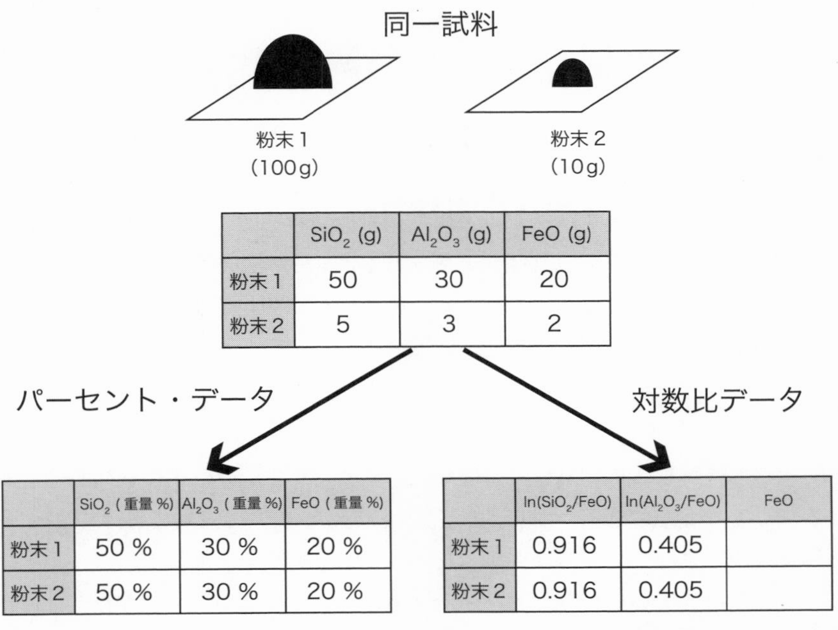

	SiO_2 (g)	Al_2O_3 (g)	FeO (g)
粉末 1	50	30	20
粉末 2	5	3	2

	SiO_2 (重量 %)	Al_2O_3 (重量 %)	FeO (重量 %)
粉末 1	50 %	30 %	20 %
粉末 2	50 %	30 %	20 %

	$\ln(SiO_2/FeO)$	$\ln(Al_2O_3/FeO)$	FeO
粉末 1	0.916	0.405	
粉末 2	0.916	0.405	

図 2.8　同一試料を 100 g 分析した場合と，10 g 分析した場合では，その絶対量 (g) で SiO_2 などの量比を比較できない (図上段)．そこで，分析試料の量に依存しない組成データに規格化する必要があり，組成データに規格化すれば粉末 1 と粉末 2 が同一試料であることが明確になる (図左下)．ただし，この組成データの性質は，対数比データにも引き継がれて，粉末 1 と粉末 2 の対数比データは一致する (図右下)．

を図 2.8 左下に示した．組成データ化すると，分析試料の量が異なっていても，同一試料であれば同一のデータが得られる．

これが組成データの最大の利点であり，このために組成データが活用され続けたのである．そして，この一点を根拠にして，問題があったとしても組成データを利用し続けるべきであり，対数比への変換は論外であるという主張が展開されることがある．しかし，この主張は誤りであり，組成データのこの利点は対数比データにも引き継がれている．図 2.8 右下には生データ (基礎データ) を対数比変換したものを示している．岩石粉末 1 と岩石粉末 2 の対数比データは，ともに同じ値を示しているのがわかる．ちなみに，図 2.8 右下の対数比データは基礎データ (図 2.8 上段) と組成データ (図 2.8 左下) どちらからも対数比変換で同値が得られる．

したがって，対数比データは，組成データの「唯一の利点」ともいえる性質を，引き継いでいる変数変換なのである．

◆ 2.7 組成データの「単純な比」と「対数比」の比較 ◆

前節までにて，組成データが内包する相対的情報を引き出すのには，成分の「単純な比」か「対数比」に変換するという 2 つの選択肢があることを述べてきた．一見，単純な比のほうが単純明快で必要十分に見えるが，なぜ，わざわざ複雑な対数比変換を本書では推奨するかの理由を，ここでまとめてみる．

2.7.1 生成される変数の組み合わせ

対数比変換の第 1 の利点は，単純な比に対して，生成される変数の組み合わせが少なくなる点である．2.4 節で述べた，分母・分子のデータ配置に対する対称特性が「単純な比」には存在しないので，分母分子の配置の組み合わせによって膨大な数のバリエーションが発生するという問題が「単純な比」には存在する．ここでは，$\boldsymbol{x} = (x_1, x_2, x_3)$ の 3 成分からなる組成データを考えよう．この組成データの単純な比の変換では，以下のような組み合わせが発生する．

$$\left(\frac{x_1}{x_2}, \frac{x_2}{x_1}\right) \quad \left(\frac{x_1}{x_3}, \frac{x_3}{x_1}\right) \quad \left(\frac{x_2}{x_1}, \frac{x_2}{x_3}\right) \quad \left(\frac{x_2}{x_3}, \frac{x_3}{x_1}\right) \quad \left(\frac{x_3}{x_1}, \frac{x_3}{x_2}\right)$$

$$\left(\frac{x_1}{x_2}, \frac{x_2}{x_3}\right) \quad \left(\frac{x_1}{x_3}, \frac{x_2}{x_1}\right) \quad \left(\frac{x_2}{x_1}, \frac{x_3}{x_1}\right) \quad \left(\frac{x_2}{x_3}, \frac{x_3}{x_2}\right)$$

$$\left(\frac{x_1}{x_2}, \frac{x_3}{x_2}\right) \quad \left(\frac{x_1}{x_3}, \frac{x_3}{x_2}\right) \quad \left(\frac{x_2}{x_1}, \frac{x_3}{x_2}\right)$$

$$\left(\frac{x_1}{x_2}, \frac{x_1}{x_3}\right) \quad \left(\frac{x_1}{x_3}, \frac{x_2}{x_3}\right)$$

$$\left(\frac{x_1}{x_2}, \frac{x_3}{x_1}\right)$$

このように，3 成分からなる組成データの場合，その比は 15 通りの組み合わせが発生し，それぞれ異なるデータ構造を生成する．すなわち，単純な比を元にすると 15 通りの解釈が成立してしまうという不都合が発生する．

一方，対数比変換には，2.4 節で述べた，分母・分子の変数配置に対する対称特性が存在する．たとえば $\ln(x_1/x_2)$ と $\ln(x_2/x_1)$ はデータ構造が一致するので，$\boldsymbol{x} = (x_1, x_2, x_3)$ の 3 成分からなる組成データの対数比には，以下の組み合わせしか発生しない．

$$\left(\ln\frac{x_1}{x_3}, \ln\frac{x_2}{x_3}\right) \quad \left(\ln\frac{x_1}{x_2}, \ln\frac{x_3}{x_2}\right) \quad \left(\ln\frac{x_2}{x_1}, \ln\frac{x_3}{x_1}\right)$$

結局，対数比変換では，規格化成分 (分母に配置する変数) の選択だけが問題となるのである．では，規格化成分はどのように選べばよいのかという点については，次の 2.8 節で詳細を解説する．また，2.8 節で紹介する ilr 変換を選択すれば，変数選択に依存せずに，完全に一義的なデータ構造を得ることができる．

2.7.2 正規分布の復元

対数比の単純な比に対する，第 2 の利点は，正規性の復元に関する点である．図 2.2c には，一様乱数から無作為抽出した基礎データを組成データ化したものの単純な比のプロットを示している．x_1/x_3 と x_2/x_3 の値は，0〜10 の範囲に集中するが，中には，40〜120 までの値を示す，極端な外れ値が発生しているのがわかる．このような極端な外れ値が発生すると，その分布に正規分布を仮定することはできない．一方で，対数比変換であればこのような極端な外れ値は，対数をとっているおかげで緩和される (図 2.2b)．単純な比が正規分布から外れるもう 1 つの事例は，図 2.7a にも見られた．この例では正規分布を示す基礎データを元にした組成データを生成した．この対数比変換後のデータを図2.7aに，単純な比に変換したデータを図2.7bに示した．図2.7bに示したように，単純な比の正規性検定のP値は0.0001以下と低い値であり正規性を仮定できない．

まとめると，2.5節で解説したように，対数比データと単純な比データでは，対数比データは正規分布に「なじむ」場合があるが，単純な比データでは正規分布を仮定することが難しいといえる．これは，低い値をもつ変数が組成データにある場合，その変数から単純な比を算出すると，極端な外れ値が発生するからである．1.6節でも述べたが，正規分布はさまざまな統計解析・多変量解析の前提条件になっているので，正規分布を仮定できない単純な比よりも，対数比データのほうが，メリットがあるデータ形式であるといえる．

2.7.3　べき乗則やフラクタルとの親和性

対数比データの単純な比データに対する，第3の利点としてあげられるのは，べき乗則 *2) やフラクタル次元 *3) との親和性が対数比データには期待できる点である．この対数比データの単純な比に対する利点は，副次的な利点だといえるだろう．しかし，べき乗則が内在する自然科学・社会科学分野の諸問題を記述する場合，対数比変換の活用が有益になる可能性がある．

簡単に，この「べき乗則」について紹介する．べき乗則に則る自然現象として，地震の発生頻度とその規模 (マグニチュード) を例にする．規模が小さい地震は多数発生するが，これに対して，規模が大きい地震は稀にしか発生しない．この，人間が感知できないような小さな地震は毎日のように発生している一方，大災害クラスの地震は50〜100年に1度程度の稀な現象であるということは，直感的な印象として理解できるであろう．ところが不思議なことに，地震の規

*2) ある変数 Y と X が，べき乗の比例関係にある ($Y = X^{\alpha}$) こと．自然現象・社会現象の多くがべき乗則をとることが知られている．

*3) 無秩序に見られる自然現象も，細分化していくと同じ構造が繰り返されていることをフラクタル構造という．たとえば，雲は離れた地表から観察するとモコモコした形態をしているが，飛行機に乗って間近で観察してもモコモコした形態をしている．このように観察するスケールを変えても対象の構造が一致することをフラクタル構造という．フラクタル図形のフラクタル次元は，べき乗則の ($Y = X^{\alpha}$) の α に相当する．

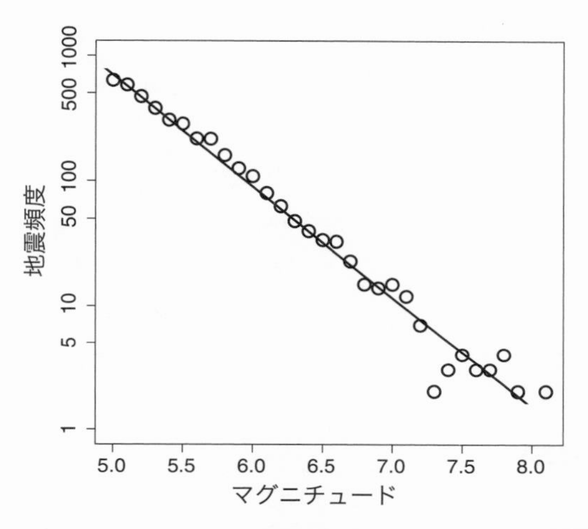

図 **2.9** 1961〜1999 年の間に日本で気象庁が観測した M5 以上の地震規模を横軸に，その規模の地震発生回数を縦軸にとった，両対数グラフとその回帰線 (国立天文台 (2022) から作成).

模とその頻度 (回数) を対数表示すると綺麗な線形関係が現れる．これをグーテンベルグ–リヒター則と呼んでいる (Gutenberg and Richter, 1944)．図 2.9 には，気象庁が集計した日本における 1961〜1999 年に発生したマグニチュード 5 以上の地震のデータを示した．横軸には地震のマグニチュードを，縦軸にはその規模の地震が発生した回数を，両対数グラフで示している (マグニチュードはもともと対数スケールの単位である)．そうすると，線形関係が現れるのがわかる．

地震以外にも，変数を対数変換すると，さまざまな事象で線形関係が認められることが知られている．たとえば，地球科学分野では，「月のクレータの大きさとその個数 (Hiesinger and Head, 2006)」「海山の大きさとその個数 (Abers *et al.*, 1988)」「地層の厚さとその枚数 (Malinverno, 1997)」などにべき乗則が存在するといわれている．また，社会科学分野では，「株価の変動とその頻度 (Gabaix, 2016)」，文学分野では「文学作品の中に現れる英単語出現順位とその頻度 (Corral *et al.*, 2015)」など，さまざまな現象にべき乗則が存在するといわれる．したがって，自然科学・社会科学分野の諸問題を記述する場合，対数比変換の数値表現は，理に適っている可能性がある．

◆ 2.8　3つの対数比変換 ◆

対数比変換には，alr 変換，clr 変換，ilr 変換という 3 つの方法が提唱されている．前節まででは，そのうちの alr 変換といわれるものだけを紹介してきた．それぞれの対数比変換には，一長一短の特徴があり，目的に応じて最適な方法を選択する必要がある．まずは，3 つの対数比変換を紹介して，その後，これらの特徴・違いについて解説する．

2.8.1　加法対数比

2.7 節までで使用してきた対数比変換が，この加法対数比 (additive logratio) である．組成データ $\boldsymbol{x}$ の加法対数比変換の操作は $\mathrm{alr}(\boldsymbol{x})$ で表すものとする．たとえば，D 個の変数からなる組成データを，最後の x_D 成分で規格化する場合の alr 変換は，

$$\mathrm{alr}(x_1, x_2, \ldots, x_D) = \left(\ln \frac{x_1}{x_D}, \ln \frac{x_2}{x_D}, \ldots, \ln \frac{x_{D-1}}{x_D}\right) \tag{2.1}$$

となる．この alr 変換によって，組成データが実数に変換される．

また，alr 変換には逆変換が定義でき，$\mathrm{alr}^{-1}(\cdot)$ の記号で表す．この alr 逆変換によって，実数を組成データに戻すことができる．ここで，alr 変換で生成したベクトルを $\boldsymbol{y}$ とすると，$\mathrm{alr}(\boldsymbol{x}) = \boldsymbol{y}(y_1, y_2, y_{D-1})$ となり，また，その alr の逆変換は，

$$\mathrm{alr}^{-1}(\boldsymbol{y}) = \{\exp(y_1), \exp(y_2), \ldots, \exp(y_{D-1}), \exp(0)\} \tag{2.2}$$

となる．

上記のような一般化した数式表現では，ややわかりにくいので具体的な数値で alr 変換の例を示す．3 成分からなる組成データ (50.0%, 30.0%, 20.0%) の alr 変換は，最後の 20.0%を規格化成分とすると次のようになる：

$$\mathrm{alr}(50.0, 30.0, 20.0) = \left\{\ln \frac{50.0}{20.0}, \ln \frac{30.0}{20.0}\right\} = (0.916, 0.405).$$

この alr 変換後の実数 (0.916, 0.405) の alr 逆変換は，

$$\mathrm{alr}^{-1}(0.916, 0.405) = \{\exp(0.916), \exp(0.405), \exp(0)\}$$
$$= (50.0, 30.0, 20.0)$$

となる．ただし，逆変換後の変数 exp(0.916)，exp(0.405)，exp(0) の合計は 100 にならないので，(50.0, 30.0, 20.0) に戻すには，100%への規格化が必要となる (それぞれの変数を合計で割って 100 を掛ける)．たとえば，この (50.0, 30.0, 20.0) の場合，最初の成分である 50.0 は厳密には以下の計算で求まる：

$$50.0\% = \frac{\exp(0.916)}{\exp(0.916) + \exp(0.405) + \exp(0.00)} \times 100.$$

Aitchison (1986) などの対数比変換を紹介している論文では，この 100%への規格化を，閉鎖操作 (closure operation) と呼び，$C(\boldsymbol{y})$ という記号で表現している．本書では $C(\boldsymbol{y})$ の表記は省略するが，関連論文を読む際にはそのように理解していただきたい．また，余談になるが，加法対数比 (additive logratio) がなぜ，「加法」という枕詞で命名されたのかという理由は，上記の逆変換式の分母の形態によるようである (Aitchison, 1986; Pawlowsky-Glahn *et al.*, 2015).

alr 変換によって，元の組成データは 3 変数であったが 2 変数に変換されることはすでに紹介した．また，alr の逆変換で元の組成データに戻すことができるが，変数が 1 つ減っているので，組成データに戻すときには指数変換の前に，飾り付けとして末尾 (あるいは規格化成分の位置) にゼロを加える必要がある点に注意を要する (式 2.2).

2.8.2　中心対数比

組成データ $\boldsymbol{x}$ の中心対数比 (centered logratio) 変換の操作は $\mathrm{clr}(\boldsymbol{x})$ で表すものとする．すなわち，D 個の変数からなる組成データの clr 変換は，

$$\mathrm{clr}(x_1, x_2, \ldots, x_D) = \left(\ln \frac{x_1}{g(\boldsymbol{x})}, \ln \frac{x_2}{g(\boldsymbol{x})}, \ldots, \ln \frac{x_D}{g(\boldsymbol{x})} \right) \quad (2.3)$$

となる．ただし，$g(\boldsymbol{x})$ は幾何平均を表す．すなわち：

$$g(\boldsymbol{x}) = (x_1 \times x_2 \times \cdots \times x_D)^{1/D}.$$

後に詳しく述べるが，clr 変換では変数の数が減っていない (組成データと変数の数が同じ) である点に注意が必要となる．clr 変換には逆変換が定義でき，

$\mathrm{clr}^{-1}(\cdot)$ で表す．ここで，$\mathrm{clr}(\boldsymbol{x}) = \boldsymbol{y}(y_1, y_2, \ldots, y_D)$ とすると，clr の逆変換は，

$$\mathrm{clr}^{-1}(\boldsymbol{y}) = \{\exp(y_1), \exp(y_2), \ldots, \exp(y_D)\} \tag{2.4}$$

となる．今回も具体的な数値で clr 変換の実行方法を示す．3 成分からなる組成データ (50.0, 30.0, 20.0) の clr 変換は，次のようになる：

$$\begin{aligned}\mathrm{clr}(50.0, 30.0, 20.0) &= \left(\ln\frac{50.0}{31.1}, \ln\frac{30.0}{31.1}, \ln\frac{20.0}{31.1}\right)\\ &= (0.476, -0.0351, -0.441).\end{aligned}$$

この clr 変換後の実数データ $(0.476, -0.0351, -0.441)$ の clr 逆変換は，

$$\begin{aligned}\mathrm{clr}^{-1}(0.476, -0.035, -0.441) &= \{\exp(0.476), \exp(-0.0351), \exp(-0.441)\}\\ &= (50.0, 30.0, 20.0)\end{aligned}$$

である．前述の alr^{-1} と同様に，変数 $\exp(0.476)$，$\exp(-0.0351)$，$\exp(-0.441)$ の合計は 100 にならないので，100%への規格化は必要となる (それぞれの変数を合計で割って 100 を掛ける).

2.8.3 等長対数比

組成データ $\boldsymbol{x}$ の等長対数比 (isometric logratio) 変換の操作は $\mathrm{ilr}(\boldsymbol{x})$ と表すものとする．すなわち，D 個の変数からなる組成データの場合の ilr 変換は，

$$\mathrm{ilr}(x_1 \cdots x_i, x_{j-i+1} \cdots x_j) = \sqrt{\frac{i \times j}{i+j}} \ln \frac{(x_1 \times x_2 \times \cdots \times x_i)^{1/i}}{(x_{j-i+1} \times x_{j-i+2} \times \cdots \times x_j)^{1/j}} \tag{2.5}$$

となるが，式 2.5 のように一般化すると非常にわかりにくいので $\boldsymbol{x} = (x_1, x_2, x_3)$ の 3 成分の場合で表示すると，

$$\mathrm{ilr}(x_1, x_2, x_3) = \left(\sqrt{\frac{1 \times 1}{1+1}} \ln \frac{x_1}{x_2}, \quad \sqrt{\frac{1 \times 2}{1+2}} \ln \frac{x_3}{(x_1 \times x_2)^{1/2}}\right)$$

となる．ilr 変換には逆変換が定義でき，上記の例の等長対数比変換で生成した実数を $\mathrm{ilr}(x_1, x_2, x_3) = (y_1, y_2)$ とすると，その逆変換は，

$$\mathrm{ilr}^{-1}(y_1, y_2)$$

$$= \left\{ \exp\left(\frac{1}{\sqrt{2}}y_1 - \frac{1}{\sqrt{6}}y_2\right), \exp\left(-\frac{1}{\sqrt{2}}y_1 - \frac{1}{\sqrt{6}}y_2\right), \exp\sqrt{\frac{2}{3}}y_2 \right\}$$

となる．実例で示すと，3 成分からなる組成データ (50.0, 30.0, 20.0) の ilr 変換は，次のようになる：

$$\mathrm{ilr}(50.0, 30.0, 20.0) = \left(\sqrt{\frac{1\times 1}{1+1}}\ln\frac{50.0}{30.0},\quad \sqrt{\frac{1\times 2}{1+2}}\ln\frac{20.0}{\sqrt{50.0\times 30.0}}\right)$$
$$= (0.361, -0.540).$$

この変換後の実数データ (0.361, −0.540) の ilr 逆変換は，

$$\mathrm{ilr}^{-1}(0.361, -0.540)$$
$$= \left\{ \exp\left(\frac{1}{\sqrt{2}}\cdot 0.361 - \frac{1}{\sqrt{6}}\cdot -0.540\right), \right.$$
$$\left. \exp\left(-\frac{1}{\sqrt{2}}\cdot 0.361 - \frac{1}{\sqrt{6}}\cdot -0.540\right), \exp\left(\sqrt{\frac{2}{3}}\cdot -0.540\right) \right\}$$
$$= (50.0, 30.0, 20.0)$$

となる．alr^{-1} や clr^{-1} と同様にパーセント・データ化には，最終的に 100%への規格化が必要となる．

この，ilr 変換については，特に変換の仕方が複雑で，実際の活用が困難になると想像される．しかし，後に説明するように，この ilr 変換が一番強力な組成データの変換方法なのである．そこで，章末の補足にて，ステップ・バイ・ステップにて ilr 変換の仕方を解説する．また，ilr 変換を自動的に実行できるフリーソフト「CoDaPack」による操作も解説する．

2.8.4　3 つの対数比変換の特徴

上記で紹介した，3 つの対数比変換は，解析者の目的に応じて使い分ける必要がある．そこで，どの対数比を選択するべきなのかの根拠となる，3 者の長所と短所をここでまとめる．

ここで使用するサンプルデータは，山口県に分布する地層である豊浦層群 [*4)]

---

*4)　約 2 億年前のジュラ紀の地層．

(12 試料) と豊西層群 [*5)] (13 試料) の砂粒子の種類を組成データ化したものである．砂粒子は石英 (Q)，長石 (F)，岩片 (R) に分類されているので，3 成分・2 次元からなる組成データとなる (表 2.6)．この表の組成データに alr, clr, ilr 変換を実施して，それぞれを視覚的に比較する．

表 2.6 砂岩の組成データ (Ohta, 2004).

地層名	Q (石英)	F (長石)	R (岩片)	地層名	Q (石英)	F (長石)	R (岩片)
豊浦層群	25.7	37.6	36.7	豊西層群	70.4	20.2	9.4
	43.8	48.1	8.1		89.2	1.6	9.2
	40.7	42.8	16.5		60.7	28.6	10.7
	32.4	41.9	25.7		65.3	19.4	15.3
	47.3	44.5	8.2		74.8	16.3	8.9
	45.1	42.9	12.0		71.9	17.7	10.4
	45.4	41.7	12.9		68.1	23.6	8.3
	33.6	35.6	30.9		78.0	17.2	4.8
	35.0	44.4	20.6		74.4	21.7	3.9
	46.3	47.8	5.9		66.7	24.5	10.9
	46.7	39.2	14.1		64.6	24.5	10.9
	51.9	31.5	16.6		82.5	9.6	7.9
					54.4	31.2	14.4

Q；石英粒子，F；長石粒子，R；岩片粒子．

a. 加法対数比変換の実例

表 2.6 の組成データを alr 変換したものが図 2.10 となり，規格化成分を変えた 3 例を図示している．alr 変換によって，3 成分組成データは 2 次元実空間に写像される．R 成分を規格化成分とした alr 変換のプロット (図 2.10a) では，データ全体がアルファベットの「M」を少し右に倒した形に類似した配置 (構造) をしている．これに対して，図 2.10b は，F 成分を alr の規格化成分として選択した場合を図示している．この図 2.10b は，図 2.10a を x 軸に対して反転した「逆 M」の配置を示していることがわかる．さらに，図 2.10c は Q 成分を規格化成分として採用した場合を図示しており，今度は，図 2.10b を y 軸に対して反転したデータ配置を示している．

したがって，alr 変換は，規格化成分の選択によって，プラスマイナスの符号は変わるが，全体的なデータの配置は線対象で不変であることがわかる．よっ

[*5)] 約 1.5 億年前の白亜紀の地層．

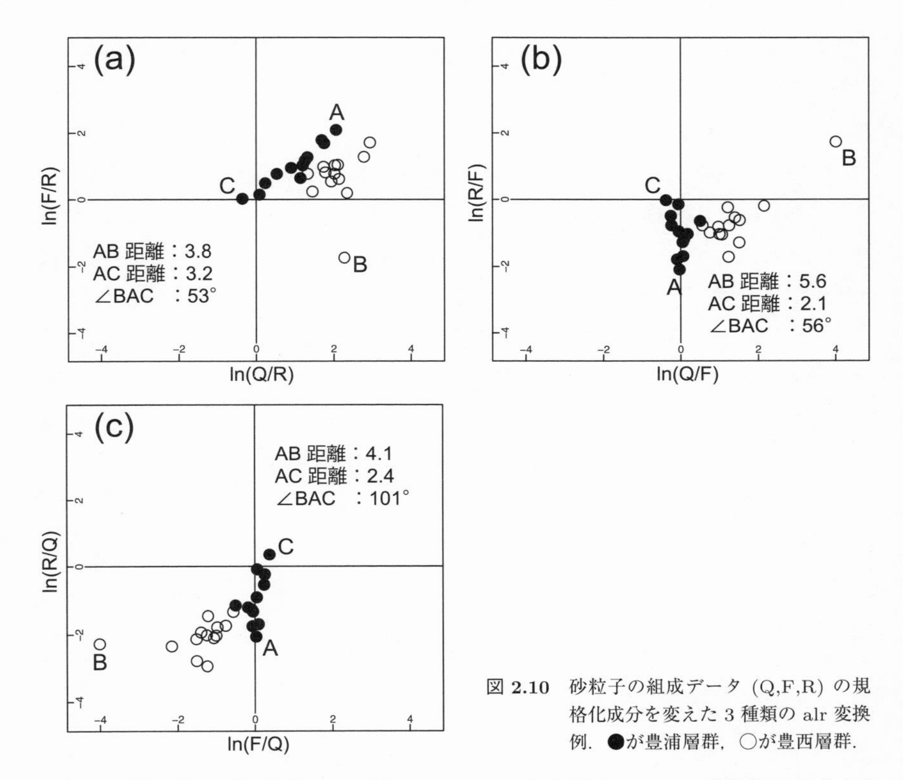

図 2.10　砂粒子の組成データ (Q,F,R) の規格化成分を変えた 3 種類の alr 変換例．●が豊浦層群，○が豊西層群．

て，alr 変換では規格化成分の選択によって，全く異なるデータ構造が生成されるわけではない．

規格化成分の選択でデータの全体的な構造は変わらないのだが，ただし，alr 変換で注意を要するのは，個々のプロット間の「距離」と「角度」は改変されることである．たとえば，サンプル A からサンプル B までの距離を図 2.10a と図 2.10b で比較すると，それぞれ 3.8 と 5.6 であり，AB 距離が図 2.10b では長くなっているのが確認できる．逆に，AC 間の距離は図 2.10a の 3.2 より，図 2.10b の 2.1 では短くなっている．つまり，規格化成分の選択によって，引き伸ばされる場所と縮む場所が発生する．さらに，図 2.10a で BAC の角度を見ると 53° と比較的鋭角になっているが，図 2.10c では BAC の角度が 101° と大きくなっている．したがって，距離と角度を利用するような解析には alr 変換は不向きであるといえる．

まとめると，alr の長所は，ln(Q/R) や ln(F/R) のように変換後の変数が単純な形態になるという点である．このために，その変数の増減についての考察や解釈を与えるのが容易になる．一方で，alr の短所は，規格化成分の選択によって，サンプル間の距離と角度が変化し，一義的な結果を得ることができない．

b. 中心対数比変換の実例

図 2.11 には，表 2.6 の組成データを clr 変換した例を示した．clr 変換の最大のメリットは，平均値 (幾何) で規格化するだけであるという単純な構造にある．また，clr 変換の例でも，alr 変換で紹介したような，アルファベットの「M」の字のデータ配置が確認できる (図 2.11a)．ここから，alr 変換と clr 変換の親和性が確認できる．

clr の最大の欠点となる特徴は，この事例のように 3 成分の組成データの場合，clr 変換後も 3 成分の変数が得られるという点である．図 2.11a のように，clr データは 3 次元空間に広がっているように見えるが，3 つの軸を回転して角度を整えると，図 2.11b のようにデータが直線上に整列するのがわかる．したがって，clr データは 3 次元実空間に内包される 2 次元平面に分布している．このことから，変換前の組成データと同様な構造を引き継いでいるのがわかる．clr 変換は組成データを幾何平均で割っているだけなので，図 1.7b の三角形の 2-単体空間を，原点を通る平面に平行移動しただけなのである．

まとめると，clr 変換の長所は，平均値で規格化しているので生成される変

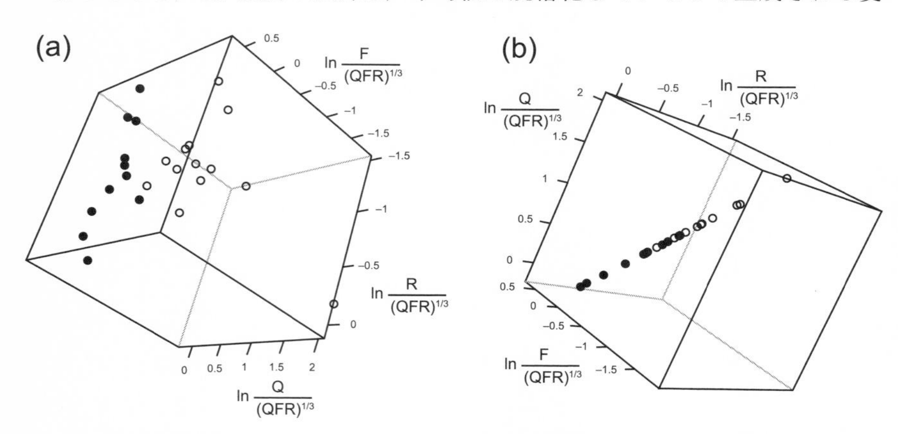

図 2.11 砂粒子の組成データ (Q,F,R) の clr 変換例．●が豊浦層群，○が豊西層群．

数が単純でわかりやすいという点があげられる．また，平均値による規格化なので，alr 変換で問題となった，分母選択によるバリエーションが発生しない．もう一点の長所としては，次に紹介する ilr 変換とデータ構造が一致している点がある．一方で，clr の短所としては，組成データの欠点を引き継いでいる点である．すなわち，標本空間が実空間ではない，変数の数と自由度が一致しない，回帰分析と相関係数が本来の意味を失うのである．したがって，clr 変換後のデータは組成データと変わりがなく，あまり意味がない．では，clr データの組成データに対するメリットは何なのかというと，変数の上限と下限が撤廃されるので，正規分布になじむ可能性があげられる．加えて，ilr 変換と同じデータ構造を有する点である．

c.　等長対数比変換の実例

最後に，ilr 変換の例を示す．この ilr 変換がデータ解析の場面において，最も有効な方法であるといえる．

図 2.12 に ilr 変換の分母分子を変えた 3 例を図示した．alr と clr と同様に，ilr の 3 つのバリエーションすべてにおいて，アルファベットの「M」の形に類似したデータ配置 (構造) が見られる．図 2.12a では横向きの「M」，図 2.12b では右上がりの「M」，図 2.12c では左下がりの「M」の形をしたデータ構造が保持されている．また，alr との違いは，ilr では AB 距離，AC 距離，BAC 角度が完全に一致している (図 2.12)．したがって，ilr 変換では回転が加えられているだけで，データ構造が一義的となる．逆にいえば，ilr 変換では分母分子の変数の配置は任意であり，解析者の都合で選ぶことが許容される．その上，すでに述べたが，図 2.11 の clr と図 2.12a, b, c のすべて，データ構造が一致している．

まとめると，「単純な比」と「対数比」では，前者の「単純な比」では多数のバリエーションが発生して都合のよいデータを選択するということが可能となる．それに対して「対数比の alr 変換」ではデータ構造が一義的になり，都合のよいデータ選択ができにくくなる．しかし，変数選択によってサンプル間の関係 (距離や角度) にバリエーションが発生する．この点が問題になる場合には，「対数比の ilr 変換」を選択すると，距離と角度を含めてデータ構造が一義的になる．

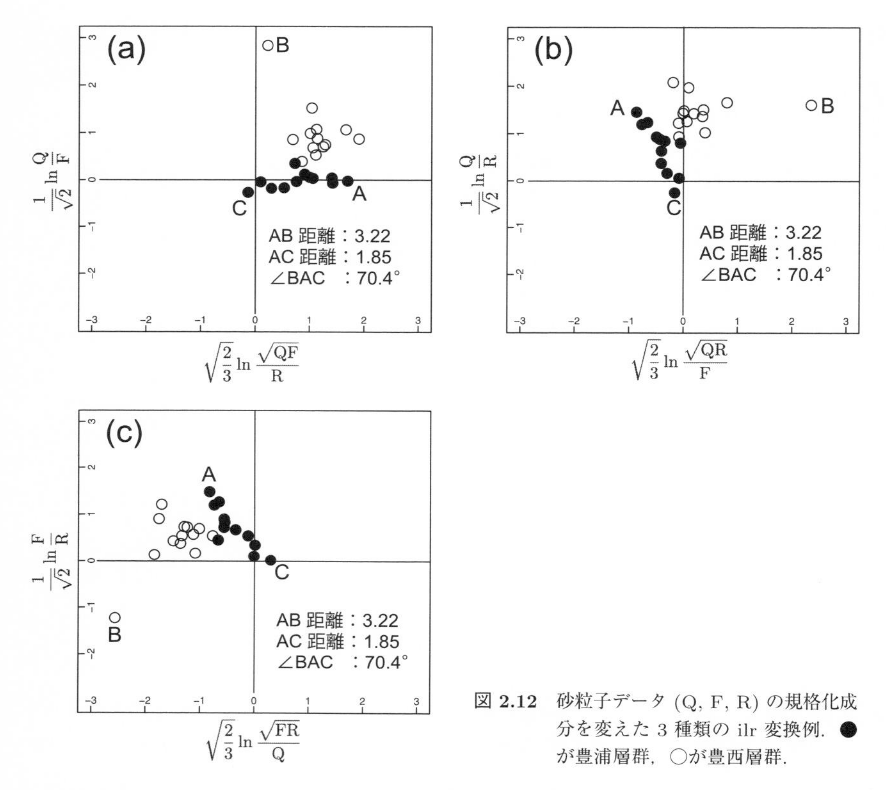

図 2.12　砂粒子データ (Q, F, R) の規格化成分を変えた 3 種類の ilr 変換例．●が豊浦層群，○が豊西層群．

したがって，本書では ilr 変換を推奨する．しかし，その長所に対する代償としては，ilr 変換で生成される変数が非常に複雑である点があげられる (式 2.5)．このために，ilr 変換後の変数が何を意味するのかわかりにくく，最終的な解析結果の解釈が困難となるおそれがある．ただし，この問題点については，工夫次第で解消でき，これについては補足で紹介する．この工夫の要点だけ先に述べると，ilr 変換における分母分子への成分配置は任意なのである．なぜなら，成分配置を変えても，返される変換結果は同じだからである．であれば，解析者が解釈を与えやすい組み合わせによって ilr 変換を成分配置すれば，ilr 変数も意味不明な複雑な変数ではなくなる．

◆ 2.9　0 値や欠損値の扱い ◆

最後に，対数比解析の問題点である，0 値・欠損値の扱いについて触れる．上記の alr，clr，ilr は，対数と比をとるという操作を伴う．したがって，元の組成データに 0 値が含まれていると，その対数比変換を施せないという問題がある．しかしながら，現実のデータには，0 値や欠損値が含まれているのが普通である．このため，0 値の適切な置換が必須となるので，その方法を簡単に紹介する．

2.9.1　0 値置換の種類と問題点

まず，0 値には，「丸め誤差による 0 値」と「真の 0 値」があり (Aitchison, 1986)，それぞれで置換の方法や，置換の必要性について考え方が変わると思うが，本書では両者を同一に扱って説明する．0 値を置換する際には，あまりにも小さな値で置換すると，その小さな値が対数比の分母に配置された場合は，極端に大きな外れ値を生成してしまうおそれがある．すでに図 2.2 や図 2.7 で示したように，組成データの単純な比への変換よりも，対数比変換では極端な外れ値が発生する危険性は低い．しかし，発生した 0 値は，そのほかの非 0 値のバランスから考えて小さすぎない値で置換する必要がある．

代表的な，0 値の置換方法としては，Aitchison (1986) による加法置換と，Fry *et al.* (2000) と Martín-Fernández *et al.* (2000; 2003) による乗法置換が提唱されている (新井・太田, 2006a)．しかし，Aitchison and Egozcue (2005) では，Aitchison (1986) の加法置換の問題点を認めて，Martín-Fernández *et al.* (2000; 2003) の方法を用いるべきだと述べている．したがって，本書では，その乗法置換を中心に紹介する．

0 値置換の最も簡単な方策は，0 値にごく小さな値を単純代入するという方法であろう (加法置換)．この一般的な置換と，Martín-Fernández *et al.* (2000; 2003) による乗法置換の比較を行う．ここでは，表 2.7A のような，仮想的な例を設けて解説する．サンプル 1 には x_4 成分に 0 値が 1 つ，サンプル 2 には x_3 と x_4 に 0 値が 2 つ存在するとする．たとえば，分析機器の精度から，x_3 の検

表 **2.7** 0 値置換の例.

	x_1	x_2	x_3	x_4
A 元の組成データ				
サンプル 1	60.00	35.00	5.00	0.00
サンプル 2	65.00	35.00	0.00	0.00
B 通常の置換				
サンプル 1	59.41	34.65	4.95	0.99
サンプル 2	63.11	33.98	1.94	0.97
C 乗法置換				
サンプル 1	59.40	34.65	4.95	1.00
サンプル 2	63.05	33.95	2.00	1.00

出限界が 2%, x_4 の検出限界が 1%だとして, x_3 の欠損値に 2 を, x_4 の欠損値に 1 を代入するとする. そして, その総和を 100%に再規格化すると, 表 2.7B が得られる. これが最も単純明快な, 0 値置換の解決方法であるが, 悩ましい点も存在する.

まず問題となるのは, 表 2.7B のように, サンプル 1 とサンプル 2 の x_4 成分に同じ検出限界である 1%という値を代入しても, 最終的な 100%への規格化の値が, サンプル 1 では 0.99, サンプル 2 では 0.97 という, 異なる値を与えることである. この 0.99 と 0.97 の差異は微々たる差であり, 現実的にはこの差異が問題になることは少ないであろう. しかし, 通常の機器分析での科学者は, 機器の検量線の作成・試料の秤量・分析室の環境調整, などにおいて最善の努力をして分析精度の向上を図るのである. それなのに, パーセント・データの特性という不合理な理由から, 検出限界の値が時と場合によって, 0.99 や 0.97 に変化するというようなことは許容できない問題点である.

2.9.2 乗法置換の方法

そこで, 以下の Martín-Fernández *et al.* (2000; 2003) の乗法置換が推奨されている：

$$r_i = \begin{cases} \delta_i, & \text{if} \quad x_i = 0 \\ \left(1 - \frac{\sum \delta_i}{100}\right) x_i, & \text{if} \quad x_i > 0 \end{cases} \tag{2.6}$$

ただし, δ_i は 0 値に置換したい値を示す.

式 2.6 の，Martín-Fernández *et al.* (2000; 2003) の乗法置換では，表 2.7C の結果を得ることができる．成分 x_4 の検出限界が 1%であれば，サンプル 1 とサンプル 2 に一貫して 1%を代入できる．さらに，x_3 の検出限界が 2%であれば，x_3 の欠損値にも，その値そのものを代入できる．

このように，Martín-Fernández *et al.* (2000; 2003) の乗法置換では，真の丸め誤差の代入と 0 値の個数に応じて置換値が変化するという問題を発生させずに置換を行うことができる．この 0 値の置換方法を実行する，「R」スクリプトを新井・太田 (2006a) が，公表しているので，参照いただきたい．あるいは，フリーソフトである CoDaPack (Thió-Henestrosa and Martín-Fernández, 2005) を使用すれば，GUI ベースで手軽に 0 値置換が実行できるので，こちらも参照いただきたい．

◆ ま と め ◆

- 対数比変換は，組成データを実空間に属する実数に変換する．したがって，対数比変換によって，なじみ深い実空間にて，実数用のなじみ深い解析方法が実行可能になる．
- 対数比変換は，組成データの定数和制約を解消する (2.2 節〜2.5 節) とと

表 2.8 3 つの対数比の特徴.

	メリット	デメリット
加法対数比 (alr)	● 変換後の変数が単純なので，生成される変数の意味が明快で，解釈付けが容易となる.	● 規格化成分の選択によって，サンプル間の距離と角度が変化する.
中心対数比 (clr)	● 幾何平均で規格化するので，変換後の変数の意味が明快で，解釈付けが容易となる. ● 規格化成分の選択によるバリエーションが発生しない. ● ilr 変換と，データ構造・サンプル間の距離・角度が一致する.	● 組成データと同様に，変数の数と自由度が一致しない.
等長対数比 (ilr)	● 分母・分子に配置する変数の選択に依存せずに，データ構造・サンプル間の距離・角度が一義的になる.	● 変換後の変数が複雑なので，変数の解釈付けが難しくなる (注：この問題を解決する工夫は，補足で紹介する).

もに，組成データの利点もそのまま継承している (2.6 節) 変数変換である．

- 組成データの「単純な比」に対する，対数比変換の利点は，変数の分母・分子配置が不問となる点 (2.4 節) と，「単純な比」で多々発生する極端な外れ値が発生しない点である (2.5 節).
- 3 つの対数比変換が用意されており，それぞれの特徴は表 2.8 のとおりである．

◆ 補　　足 ◆

1. ilr 変換の手引き

前述したように，等長対数比 (ilr) が最も一義的な結果を与える，組成データの変数変換の方法である．しかし，その変換方法が複雑でわかりづらいという難点がある．確かに，ilr 変換を一般化した数式 2.5 を見る限りでは，この方法を敬遠したくなるが，変換の手順・パターンさえ理解できればそれほど難しい操作ではない．そこで，ここでは，組成データ $\boldsymbol{x} = (x_1, x_2, x_3, x_4, x_5)$ の ilr 変換を図 2.13 にて解説する．

a. ilr1

まず，ilr の第 1 の変数である，ilr1 を合成するのだが，変数を x_1, x_2, x_3, x_4 と，x_5, x_6 に 2 分割するとしよう．この集団をそれぞれ，分子と分母に配置する (図 2.13 の ilr1 参照)．分子の x_1, x_2, x_3, x_4 は，それぞれを掛け合わせて，かつ，使用した変数の個数 4 の逆数 (1/4) の指数をとる．分母も x_5, x_6 を掛け合わせて，変数は 2 個なので，その逆数 (1/2) の指数をとる．ilr1 の対数比部分の前に係る係数については，分割した変数の個数 (4 と 2) の掛け算を分子に，分割した変数の個数 (4 と 2) の足し算を分母に設置する．

まとめると，分子に配置した変数の数 (この場合，4) を，ilr1 の破線丸 (◯) で示した位置に代入して，分母に配置した変数の数 (この場合，2) を，ilr1 の破線四角 (□) で示した位置に代入すれば，ilr1 が完成する．

b. ilr2

次に，ilr2 を定義する．方針としては，ilr1 で分母・分子に配置した変数を ilr2 で再分割することになる．ここでは，ilr1 で分子に配置した変数 x_1, x_2, x_3, x_4

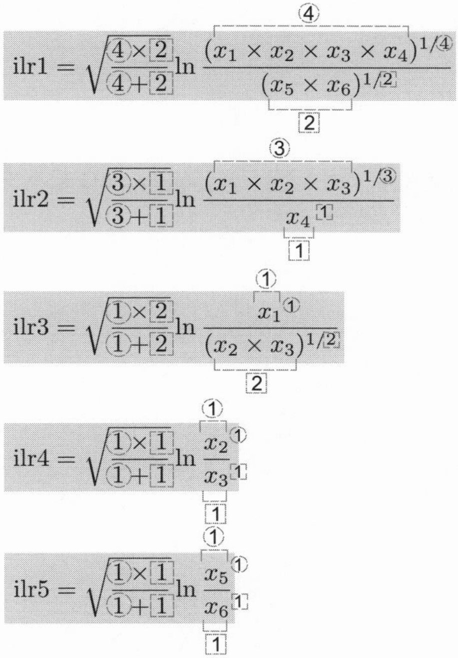

$$\mathrm{ilr1} = \sqrt{\frac{\textcircled{4} \times \boxed{2}}{\textcircled{4} + \boxed{2}}} \ln \frac{\overbrace{(x_1 \times x_2 \times x_3 \times x_4)}^{\textcircled{4}}{}^{1/\textcircled{4}}}{\underbrace{(x_5 \times x_6)}_{\boxed{2}}{}^{1/\boxed{2}}}$$

$$\mathrm{ilr2} = \sqrt{\frac{\textcircled{3} \times \boxed{1}}{\textcircled{3} + \boxed{1}}} \ln \frac{\overbrace{(x_1 \times x_2 \times x_3)}^{\textcircled{3}}{}^{1/\textcircled{3}}}{\underbrace{x_4}_{\boxed{1}}{}^{\boxed{1}}}$$

$$\mathrm{ilr3} = \sqrt{\frac{\textcircled{1} \times \boxed{2}}{\textcircled{1} + \boxed{2}}} \ln \frac{\overbrace{x_1}^{\textcircled{1}}{}^{\textcircled{1}}}{\underbrace{(x_2 \times x_3)}_{\boxed{2}}{}^{1/\boxed{2}}}$$

$$\mathrm{ilr4} = \sqrt{\frac{\textcircled{1} \times \boxed{1}}{\textcircled{1} + \boxed{1}}} \ln \frac{\overbrace{x_2}^{\textcircled{1}}{}^{\textcircled{1}}}{\underbrace{x_3}_{\boxed{1}}{}^{\boxed{1}}}$$

$$\mathrm{ilr5} = \sqrt{\frac{\textcircled{1} \times \boxed{1}}{\textcircled{1} + \boxed{1}}} \ln \frac{\overbrace{x_5}^{\textcircled{1}}{}^{\textcircled{1}}}{\underbrace{x_6}_{\boxed{1}}{}^{\boxed{1}}}$$

図 **2.13**　ilr 変換の様式の図示.

の再分割を指定しよう．たとえば，ilr2 の対数部分に配置する分子に x_1, x_2, x_3 を，分母に x_4 を配置するとする (図 2.13 の ilr2)．そうすると，分子の変数の数は 3 なので，ilr2 の破線丸 (○) で示した位置に 3 を，破線四角 (□) で示した位置に 1 を代入することになる．

c.　ilr3

次に，ilr3 を定義する．ilr2 で分子に配置した x_1, x_2, x_3 は，さらに分割可能なので，ilr3 にて再々分割する．ここでは，ilr3 の分子に x_1 を，分母に x_2, x_3 を配置するとする．この場合，分子の変数の数は 1 なので，ilr3 の破線丸 (○) で示した位置に 1 を，破線四角 (□) で示した位置に 2 を代入することになる．

d.　ilr4

次に，ilr4 を定義する．ilr3 で分母に配置した x_2, x_3 は，さらに分割可能なので，ilr4 にて分子に x_2 を，分母に x_3 を配置する．この場合，分子の変数の数は1なので，ilr4 の破線丸 (◯) で示した位置に1を，破線四角 (□) で示した位置にも1を代入することになる．これで，ilr1 にて分子に配置した変数の，すべての分割が終了した．

e. ilr5

最後に，ilr5 を定義する．ここでは ilr1 の分母の変数の分割に移ることになる．ilr1 の分母は x_2, x_3 なので，ilr5 では分母に x_6 を，分子に x_5 を配置して，ilr5 の破線丸 (◯) で示した位置に1を，破線四角 (□) で示した位置に1を代入することになる．

これで，すべての変数の分割が終了して，ilr 変換が完了する．ちなみに，分母・分子に配置する変数の種類・数は任意であり，たとえば，ilr1 の分子は x_1 と x_6 にして，分母に x_2, x_3, x_4, x_5 を代入してもよい．この場合は破線丸 (◯) で示した位置に2を，破線四角 (□) で示した位置に4を代入することになる．

2. ilr 変換に意味をもたせる工夫

さて，上記の図解によって ilr 変換の手順・パターン化は理解できたとしても，ilr 変換の需要を喚起できない可能性がある．その理由は，ilr 変換後の変数が複雑なので，個々の ilr 変数がもつ意味が理解不能であるという問題が残るからである．何らかの統計解析を施したとしても，複雑な ilr 変数に意味のある考察・解釈を与えるのが難しい．ただし，この問題は，発想の転換で簡単に解決できる可能性がある．

ilr に配置する分母・分子の変数は任意であり，変数選択によってデータ構造・距離・角度は不変であると述べた．であれば，どの変数の組み合わせを配置してもよいということになる．各 ilr1, ilr2, $\cdots$ の分母分子に，変数を無作為に配置することもできるが，「戦略を立てて」変数を配置することでも，ilr 変換では同じ結果が得られるのである．であれば，変数の配置を工夫することによって，解析者が独自に意味の明白な ilr 変数を合成することができるのである．

たとえば，選挙結果の得票率の組成データを ilr 変換で利用したい場合，ilr の分母に連立与党 (A 党と B 党) の得票率を，ilr の分子に野党 (C 党，D 党，E 党) の得票率を配置すれば，ilr1 は意味不明な変数ではなく，「与党対野党」という変数に昇華できる．ilr2 以降においては，さらに変数を分割する必要があるが，たとえば，ilr1 で分母に配置した連立与党でも，どちらかといえば保守派・急進派という基準で細分できるかもしれない．あるいは，ilr1 の分子に配置した野党を，護憲派・改憲派に分けることができるかもしれない．このようにして，ilr2 以降の変数にも新規の意味をもたせることができるかもしれない．

もう一つ，地質学者が岩石の化学組成を ilr 変換する例を想定しよう．図 2.13 の ilr の分母に (K_2O, SiO_2) などを，分子に (FeO, MgO) などを配置すれば，その岩石の「珪長質・苦鉄質」*6) の度合いを測る指標を作成することができる．あるいは，分母と分子に不適合元素と適合元素を配置すれば，ilr 変数は複雑で意味不明な変数ではなく，結晶分化作用 *7) に関わる指標に変換できるであろう．さらに，岩石の風化作用を考えるのであれば，風化作用に対して脆弱な Na_2O，CaO と風化作用に対して強靱な TiO_2 を分割すれば，風化作用の度合いを示す ilr 変数を合成することができるであろう．

このように，ilr 変換では，分母・分子に配置する変数の組み合わせは自由になるので，これを逆手にとれば，独創的な変数を解析者の意図に沿って合成することができる．そのように考えれば，ilr 変換は複雑な変換方法ではなく，データの解釈を容易にする変数の合成であると，認識を変えることも可能なのではなかろうか．

3. CoDaPack による ilr 変換の操作

上記では，ilr 変換のパターンを図解したが，それでも変数変換が複雑であることに変わりはないかもしれない．そこで，ilr 変換を簡単に実行できるソフトウェアである CoDaPack (Thió-Henestrosa and Martín-Fernández, 2005; Comas-Cufí and Thió-Henestrosa, 2011) を紹介する．CoDaPack の入手先の URL は，http://www.compositionaldata.com/codapack.php である．

CoDaPack は，Windows，Mac，Linux 環境で動作するマルチプラットフォー

*6) 有色鉱物 (輝石や角閃石) をほとんど含まない岩石を珪長質といい，有色鉱物を多く含む岩石を苦鉄質という．

*7) マグマが冷却していく過程において，初期に結晶化する鉱物と，後期に結晶化する鉱物が存在する．結果的に，冷却・固結する過程でマグマの組成が徐々に変化することを結晶分化作用という．

ムなフリーウェアである．最大の特徴は，GUI ベースなので，マウス操作・クリック操作で，組成データの統計解析が実行できる点である．ここでは，CoDaPack による ilr 変換を紹介する．CoDaPack では，第 3 章で紹介する，統計解析なども GUI ベースで実行できるので，利便性の高いソフトである．

CoDaPack による ilr 変換と ilr 逆変換の方法は以下のとおりである．

a. ilr 変換

- CoDaPack を起動する (以下の図解では Mac 版を使用しているが, Windows 版もほぼ同じとなる).
- 手持ちの組成データファイルを読み込むには,「File」のプルダウンメニューから,「Import」を選択して，Excel 形式 (xls) や csv 形式などの読み込みたいファイル形式を選択する (図 2.14).
- すると，図 2.15 に示したポップアップメニュー「Import Menu」が現れるので，開きたいファイルを指定する．csv ファイルを読み込む際の注意点としては，筆者が確認した CoDaPack のバージョン 2.03.01 では，csv ファイルのセパレータが，デフォルトでセミコロンに設定されているため，図 2.15 の矢印で示した部分「Separator:」を半角カンマに変更する必要がある．

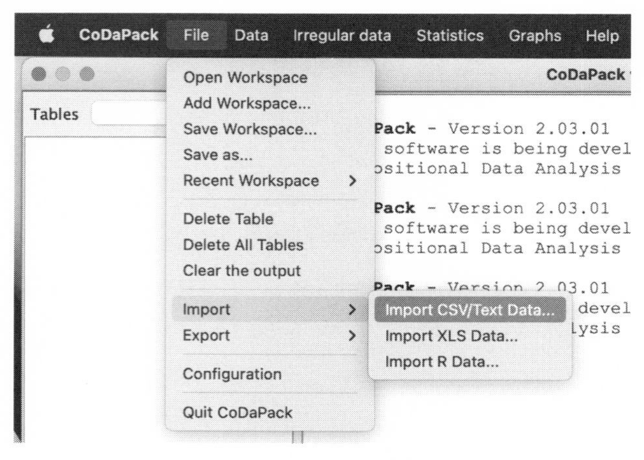

図 **2.14** データファイルの読み込み.

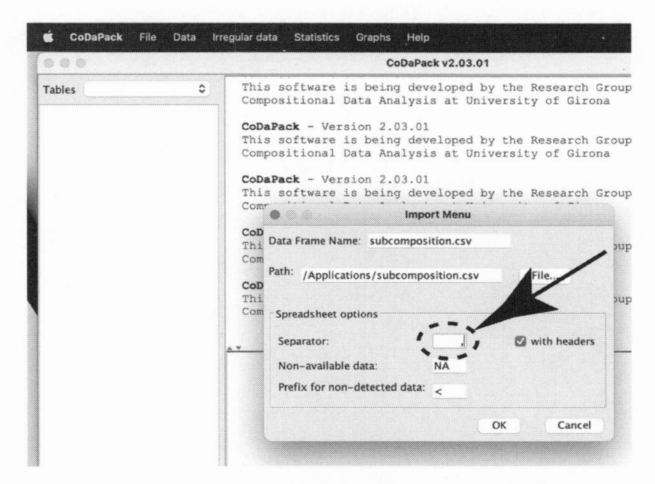

図 **2.15**　csv ファイルの読み込みの際には半角カンマに変更.

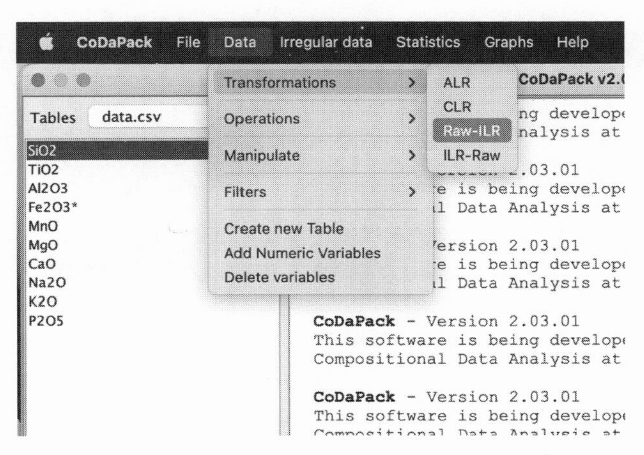

図 **2.16**　RAW–ILR の RAW は生のパーセント・データの意である.

- データの読み込み後,「Data」のプルダウンメニューから,「Transformations」「RAW-ILR」を選択する (図 2.16).
- ポップアップウィンドウが現れるので図 2.17 の a 部分の「Available data」から ilr 変換する変数を選択して, 図 2.17 の b 部分の「右矢印」ボタンを押す. そうすると, 図 2.17 の c 部分の「Selected data」に選択した変数が

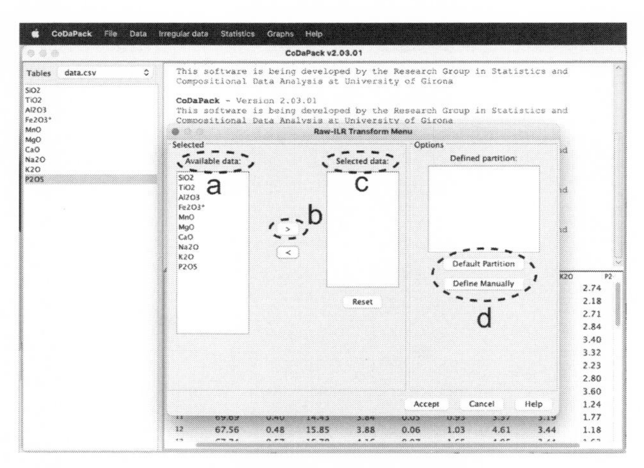

図 **2.17**　ilr 変換する変数を選択する RAW–ILR Transformation Menu.

Binary Partition Menu

	A	B	C	D	E	F	G	H	I
SiO2	+	+	−						
TiO2	+	+	−						
Al2O3	+	+	−						
Fe2O3*	+	−							
MnO	+	−							
MgO	−								
CaO	−								
Na2O	−								
K2O	−								
P2O5	−								

Previous　Next

図 **2.18**　ilr の分母分子配列を指定する Binary Partition Menu.

表示される．

ポップアップウィンドウの右側には ilr の分母分子の変数分割の方法を指定できる．図 2.17 の d 部分の「Default Partition」をクリックすると，デフォルトの変数分割が指定され，「Define Manually」をクリックすると ilr 変換の変数分割を自身で指定することができる．

- 図 2.17 の d 部分から「Define Manually」を選択すると図 2.18 のポップアップウィンドウが現れる．A 列にそれぞれの変数にプラスかマイナスを指定できるようになる．プラスに指定した変数は ilr1 の分子に，マイナスに指定した変数は ilr1 の分母に配置された状態の ilr1 が自動計算される.

A 列のプラスとマイナスを指定した後,「Next」をクリックすると，B 列にて ilr2 の変数選択に移行する．たとえば，A 列で ilr1 の分子に指定した変数の再分割を B 列 (ilr2) で指定したり，A 列で ilr1 の分母に指定した変数を分割することになる.

このようにして，すべての変数の分割が終了したら,「Next」のボタンが「Accept」に変わるので，これをクリックすると，ilr のマニュアル分割が終了し，ilr の変換結果が得られる.

b. ilr の逆変換

- 「Data」のプルダウンメニューから,「Transformation」「ILR–RAW」を選択する (図 2.19).
- ポップアップメニューが現れるので図 2.20a の「Available data」から ilr の逆変換を実行したい変数を選択して，図 2.20b の右矢印のボタンを押す．そうすると，図 2.20c の「Selected data」に選択した変数が表示される.

ポップアップメニューの右側では，ilr 逆変換の分母分子の変数分割の方法を指定できる．図 2.20d の「Default Partition」を選択するとデフォル

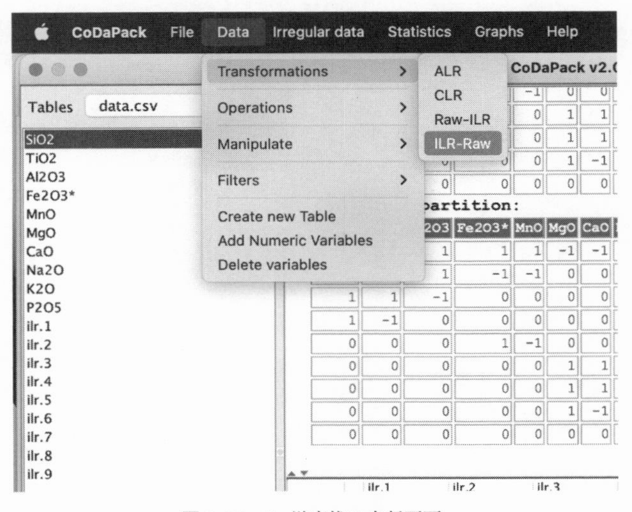

図 **2.19**　ilr 逆変換の実行画面.

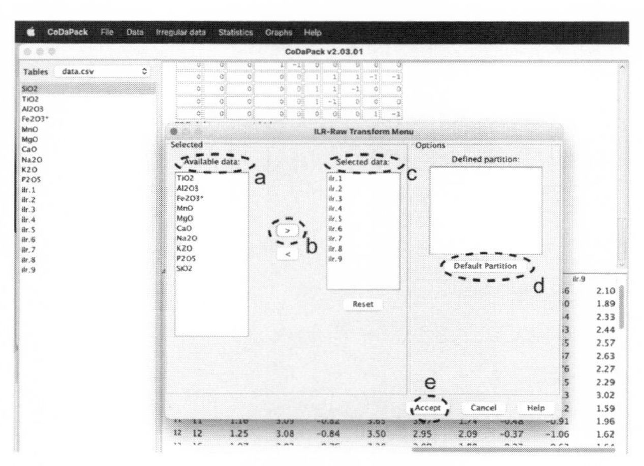

図 **2.20**　ilr 逆変換の変数選択をする ILR–RAW ウィンドウ．

トの変数分割が指定される．図 2.20e の「Accept」をクリックすると，ilr の逆変換が得られる．

3 単体解析

3.1 単体解析とは

これまで，組成データには厄介な性質が多数存在することを述べてきた．しかし，組成データには便利な点も存在するのは事実である (たとえば，2.6 節)．だからこそ，組成データはあらゆる分野にて，古くから普及・活用されてきたのである．そこで，組成データそのものを，直接解析する方法があれば，その需要は大きいと考えられる．現にそのような解析方法が開発されつつあり，ここでは，この方法を「単体解析」(simplicial analysis: Aitchison, 1986) と称して紹介する．

前章で紹介した「対数比解析」は，組成データを単体空間から実空間に写像する方法だった．そして，「なじみ深い実空間でデータを解析・議論する方法」だった．これに対して，これから紹介する「単体解析」は，組成データの単体空間にとどまることになる．そして，「なじみ深い組成データを，そのまま利用する方法」になる．

しかし現実問題として，組成データ・単体空間のデータ解析方法を開発するとなると，その基盤形成には，とても多くの労力と段階を経る必要がある．たとえば，組成データ・単体空間における「四則演算」「距離関数」「正規分布」などを，すべて開発・定義しなくてはならないということを考えると，大変な作業となる．ところが，今から紹介する単体解析は，前章で紹介した対数比解析の副次的な応用でこれを可能とするのである．その秘訣は，対数比変換には，その逆変換も存在するという特性を応用することである (たとえば，alr^{-1}；式

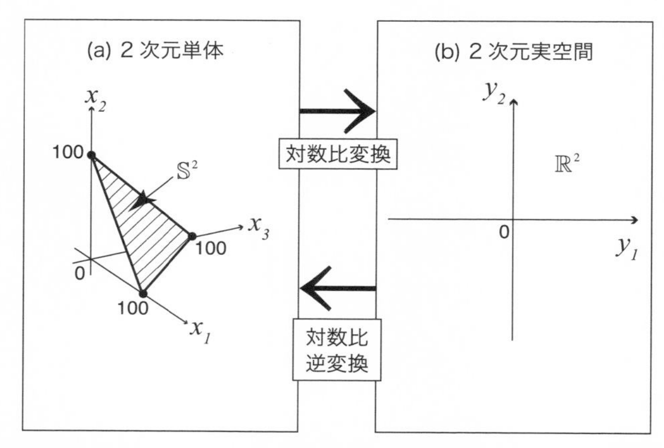

図 3.1　対数比変換と逆変換のイメージ図．対数比変換は，単体空間と実空間の自由な往来を可能とした．

2.2)．すなわち，対数比変換の存在によって，図 3.1 に示したように，「単体空間から実空間へ」そして「実空間から単体空間」への，往来が可能となった性質を利用する．

この章では，単体解析を，まずは，実例を使った図解による紹介から始めて，その後，数式展開を簡単に紹介する．これによって，単体解析という方法を直感で理解できることを第一の目標としている．

3.2 節にて「組成データの信頼領域の描き方」を，3.3 節では「組成データの回帰分析」を紹介する．この 2 例を通読すれば，その応用であらゆる統計解析を組成データに適用できるようになるであろう．そのような応用例として，3.4 節にて，組成データに多変量解析を適用した例を紹介し，従来の組成データそのものを利用した解析例と比較をする．

最後に，3.5 節では「簡単なモデリング・予測」の例題を示して，ここから，組成データの「四則演算」「距離関数」「分布型」などを紹介する．この 3.5 節では数式が登場するので，やや難しい内容となっている．しかし，この部分の理解が必須になるというわけではない．3.5 節の内容は紹介する程度の記述であり，前出の 3.2 節，3.3 節の方法を踏襲すれば，問題なく組成データにあらゆる演算・統計解析が実施できる．

◆ 3.2　組成データの信頼領域 ◆

自然科学・社会科学分野のデータは，どうしてもばらつきが発生するので，データの信頼できる範囲というものの認定が必要となり，組成データでもそのようなものが決定できればその利用価値は高い．そこで，組成データの信頼領域の描き方について本節で考察する．

3.2.1　従来の信頼領域と単体解析による信頼領域の比較

まず，従来の組成データ分布の信頼領域の描き方は，「データ群の縁をフリーハンドでなぞる」という方法が採用されてきた．しかし，これでは，作為性を払拭できず，さらに得られた信頼領域の「信頼性がどの程度確かなのか」を数値化・説明できない．

a.　従来の信頼領域

そこで，何かしらの統計学的な方法に基づいて信頼領域を描く必要がある．地質学分野では，とりあえず統計的に扱うために，しばしば，組成データの「平均値 $\pm 3 \times$ 標準偏差」を信頼領域として採用して描写してきた．たとえば，図 3.2a はその例示であり，ここでは花崗岩類の $K_2O - Fe_2O_3 - MgO$ 成分の組成データを図示 (2−単体空間) しており，この従来方法で描いた信頼領域を点線の六角形で示している．この例での信頼領域の描き方の手順は以下のとおりである．まず，K_2O 成分については平均値が 37.00 であり，標準偏差が 23.31 なので，信頼領域を「平均値 $\pm 3 \times$ 標準偏差」とすると，上限が 106.9，下限が −32.93 になる．そこで，三角形 (2−単体空間) の $Fe_2O_3 - MgO$ 辺と平行に，上限が 106.93，下限が −32.93 の信頼領域 (点線) を描く．同様に，MgO の平均値が 17.45 であり，標準偏差が 10.30 なので，「平均値 $\pm 3 \times$ 標準偏差」は上限が 48.35，下限が −13.46 になる．そこで，三角形 (2−単体空間) の $K_2O - Fe_2O_3$ 辺と平行に，上限が 48.35，下限が −13.46 の信頼領域 (点線) を描く．Fe_2O_3 も同様にすれば，図 3.2a の点線のような，六角形の信頼領域が得られる．

さて，図 3.2a の従来の信頼領域の描き方は，確かに統計学的な扱いをしていると評価できるかもしれない．ただ，問題が 2 点存在する．まず，変数の

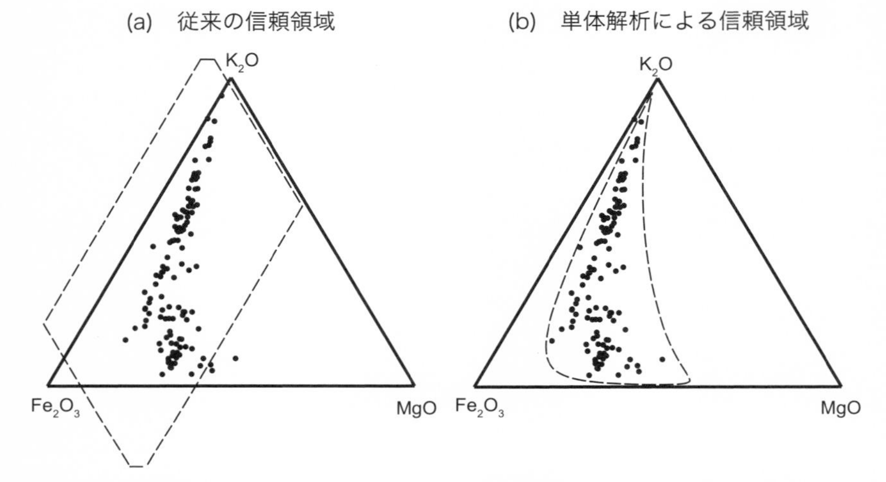

図 3.2 花崗岩類の $K_2O - Fe_2O_3 - MgO$ 三角図．従来の組成データの信頼領域の描き方 (a) と，単体解析による組成データの信頼領域の描き方 (b).

「平均値 ± 3 × 標準偏差」がなぜ，データ分布の信頼領域として採用されているのかというと，データが正規分布している場合，「平均値 ± 3 × 標準偏差」は，総データの 99%を網羅する範囲になるからである．しかし，本書で紹介したように，大前提として組成データの変数が正規分布を示す可能性は低い．そうなると，組成データに限っては，「平均値 ± 3 × 標準偏差」がデータ分布範囲に関する指標として成立しない可能性がある．そして，この信頼領域の求め方では，第二の問題も浮上する．図 3.2a の破線の信頼領域を見ると，組成データの標本空間 (三角形) からはみ出している．はみ出している部分は組成データとしては存在しない，ありえない値である．「ありえない値が信頼できる」という，理解不能な矛盾を生み出すことになってしまっている．

b. 単体解析による信頼領域

一方で，今回紹介したい信頼領域の描き方は，図 3.2b の破線のようなものになる．初見，ほぼすべてのデータプロットが破線の信頼領域に収まっているのがわかる．信頼領域の範囲内には，データの存在しない空白領域も図 3.2a に比べて少ないのがわかる．さらに，K_2O 頂点でデータの分布が狭まり，$Fe_2O_3 - MgO$ 辺でデータ分布が広がるひょうたん型のデータ分布を，再現できているといえる．また，この信頼領域は 2–単体空間に収まっているので，ありえない値までも信頼できる，というような従来の手法で発生した矛盾点もない．

3.2.2　単体解析の信頼領域の描き方と適用例

では，図 3.2b のような信頼領域を描くにはどうすればよいのかというと，組成データの単体空間における確率密度関数 (たとえば正規分布) やマハラノビス距離などに相当するものを定義できればよい．しかし，実空間の正規分布ですら，数学・天文学・物理学の天才であるガウスが発見したものであることを考えると，やや骨の折れる作業となるであろう．ここでは，前章で紹介した対数比変換を副次的に活用することで，より簡便な方法を採用する (たとえば，Weltje, 2002).

組成データの母集団の信頼領域の描き方は，以下の 3 手順で実行することになる．まず，図 3.3a のように，手持ちの組成データを対数比変換によって実空間に写像する．図 3.3b の変換後データは実空間の実数なので，通常の方法で信頼領域を求めることができる．最後に，求めた信頼領域を対数比の逆変換によって，組成データ版の信頼領域を図 3.3c のように得ることができる．

a.　砂岩の鉱物組成への適用例

上記の手順で得られる信頼領域を表 2.6 の砂岩組成に適用したのが図 3.4 である．豊浦層群 (●) と豊西層群 (○) 両者の，代表値の 90%・95%信頼領域を実線で，分布の 90%・95%信頼領域を破線で示してある．実線・破線どちらも，内側の領域が 90%信頼領域に，外側の領域が 95%信頼領域にあたる．この信頼領域の利用方法としては，数値を用いた統計学的なグループ間の比較が可能となる点であろう．実線で示した，代表値の 95%信頼領域を見ると，豊浦層群 (●) と豊西層群 (○) では領域が重なっていない．したがって，両者は異なる母平均 (幾何平均) をもつ母集団に属するといえ，すなわち有意に異なるグループであると判断できる．従来は，プロットの見た目から，異なるグループなのか，同じグループなのかを主観的に判定していたことが多かったと思う．もう 1 つの活用例としては，破線の分布の信頼領域を得ることで，膨大な数のサンプルを分析せずとも，全体の分布を捉えることができるという利点がある．

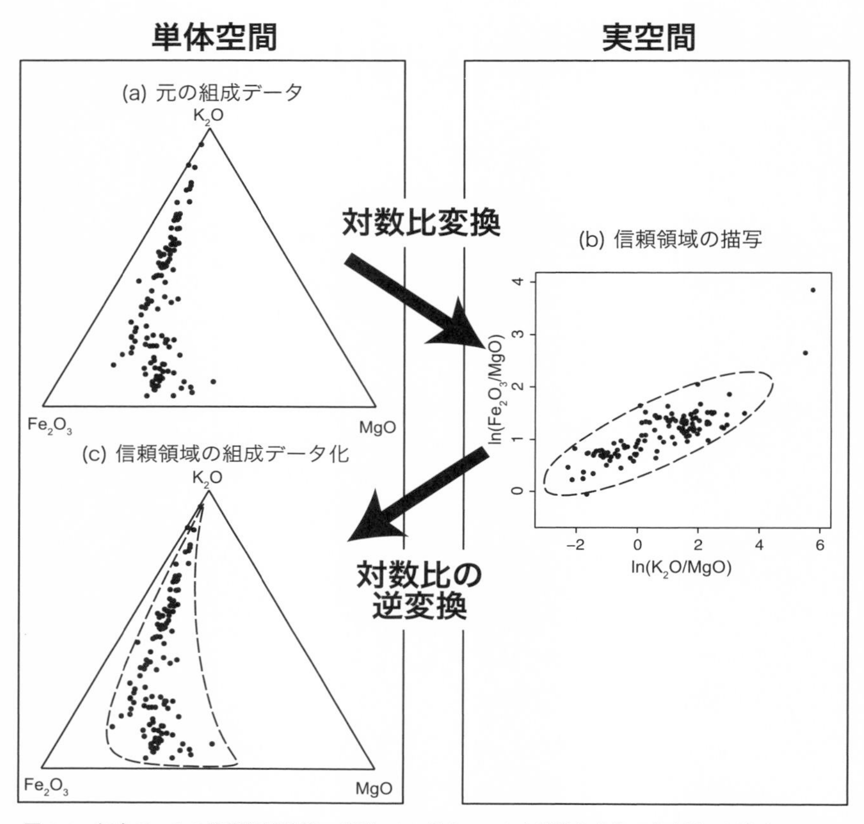

図 3.3　組成データの信頼領域計算の手順．(a) 組成データを対数比変換で実空間に写像する．(b) 実空間にて，通常の方法で信頼楕円を求める．(c) 信頼楕円を対数比の逆変換で組成データ化する．

b.　単体解析による信頼領域の問題点

ただし，今回紹介した信頼領域には問題点も存在する．図 3.2 の花崗岩類の分布の信頼領域や，図 3.4 における豊浦層群 (●) の分布の信頼領域については，プロットの散らばり方に即した信頼領域を描けているといえる．しかし，図 3.4 の豊西層群 (○) については，実際の白丸プロットの分布と，破線の領域があまり合っていないのが見てとれる．すなわち，白丸プロットは Q 成分の頂上付近に集中しているが，破線の信頼領域は大きく F 成分の方向に張り出している．これは，極端に F 成分が低い値を示すサンプルが存在すること

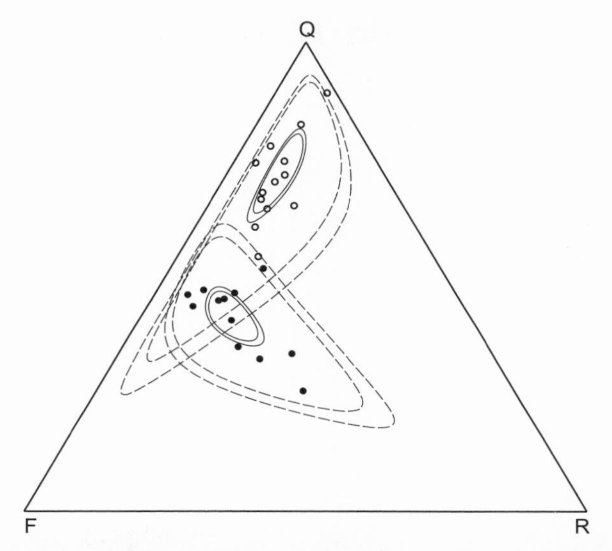

図 **3.4**　表 2.6 の豊浦層群 (●)・豊西層群 (○) の砂岩組成データのプロットと信頼領域．破線は分布の 90%，95%信頼領域であり，実線は代表値の 90%，95%信頼領域．

に起因している．Q 成分の頂上に一番近い白丸プロットは，F 成分の値が非常に低い (表 2.6 の豊西層群の 2 行目のサンプル：F = 1.6%)．この例のように，ある成分が全体と比べて非常に低い値をもつサンプルが存在すると，そのサンプルと反対方向に信頼領域が広がってしまうという欠点がある (新井・太田, 2006a)．Weltje (2002) はこの方法で描いた信頼領域を総括的に検証し，その有効性を示しているが，実際に利用する際には，外れ値がある場合には問題点も存在することを念頭におくべきであろう．

3.2.3　CoDaPack による信頼領域の描き方

上記で紹介した信頼領域を手動計算で実際に求めるのは，やや骨が折れる作業になる．しかし，2 章補足 3 にて紹介した CoDaPack を利用することで信頼領域を簡単に求めることができる．その手順は以下のとおりである．

- データファイルの読み込みには，CoDaPack の「File」プルダウンメニューから，「Import」を選択して，Excel ファイルや，csv ファイルを読み込む (図 3.5)．

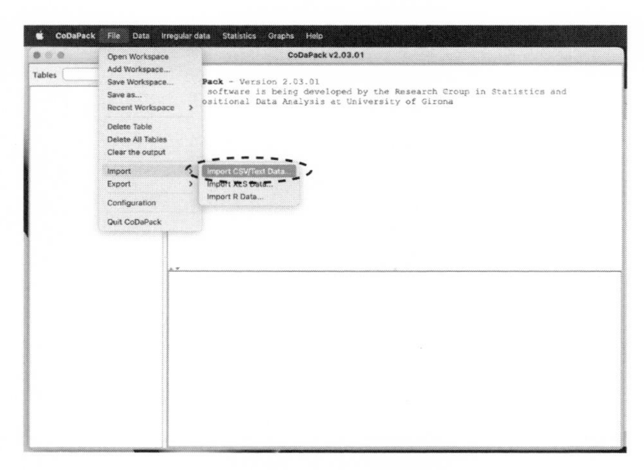

図 **3.5**　データファイルの読み込み.

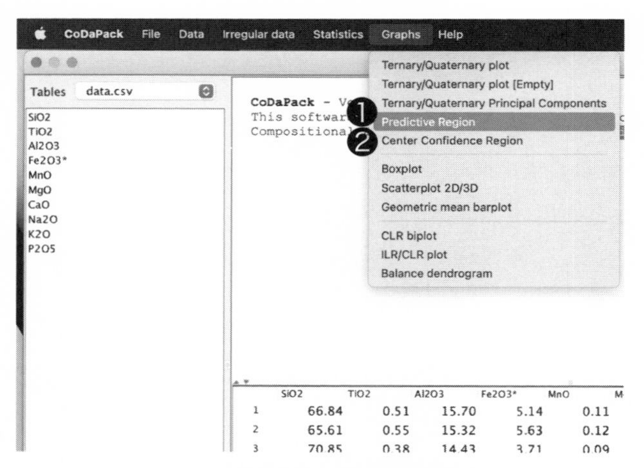

図 **3.6**　代表値の信頼領域か，分布の信頼領域かを選ぶ.

- 分布の信頼領域を描く場合は,「Graphs」のプルダウンメニューから,「Predictive Region」(図 3.6 ❶) を選択する．代表値の信頼領域を描く場合は,「Graphs」のプルダウンメニューから,「Center Confidence Region」を選択する (図 3.6 ❷).
- ポップアップウィンドウの「Available data」(図 3.7 ❶) から三角図を描きたい変数を選択して「>」(図 3.7 ❷) ボタンを押し,「Selected data」(図

3.7❸) に送る.

ポップアップウィンドウ右側「Options」の「Predictive level」(図 3.7❹) には，90%，95%，99%の信頼領域がデフォルトに設定されている．必要に応じて数値を変えたり削除したりできる.

ポップアップウィンドウ下部の「Accept」(図 3.7❺) をクリックすると

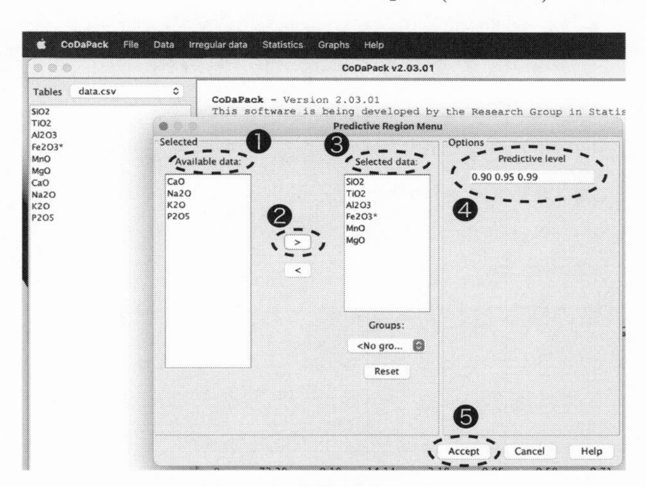

図 3.7　変数と信頼領域の選択.

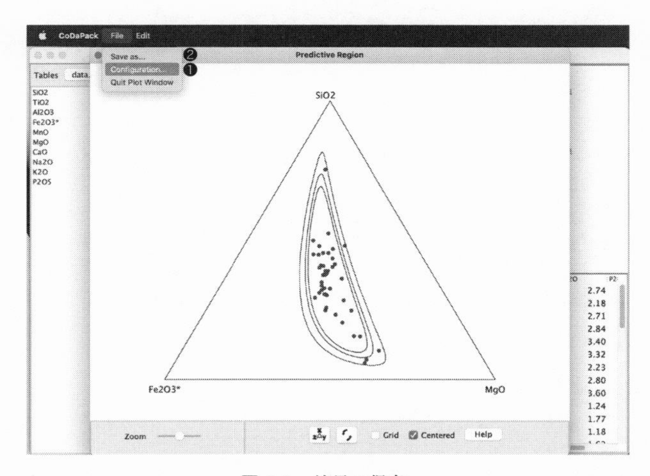

図 3.8　結果の保存.

信頼領域を描いた図が返される.

- 「File」プルダウンメニューの「Configuration ...」で軸や背景色などの設定を必要に応じて変更する (図 3.8 ❶).
- 「File」プルダウンメニューの「Save as ...」を選択すると，ベクタ形式やラスタ形式で保存ができる (図 3.8 ❷).

◆ 3.3 組成データの回帰分析 ◆

自然科学・社会科学では，データのトレンドを把握したり，変数と変数の因果関係を明らかにすることが必要となることがある．その一例として，次に，本節では組成データの回帰分析について紹介する．

3.3.1 従来の回帰線と単体解析による回帰線の比較

従来は組成データの回帰線を求める際には，おそらく，図 3.9a のようにデータ分布から作為的に線を引くことが多かったと考えられる．花崗岩類のデータについて，この従来の方法を採用すると，図 3.9a のように閃緑岩と花崗岩では異なった 2 段階のトレンドが描けて，両者では生成プロセスが変わっているように見える．しかし，この方法では 2 本の線分がどのぐらいデータの分布に即

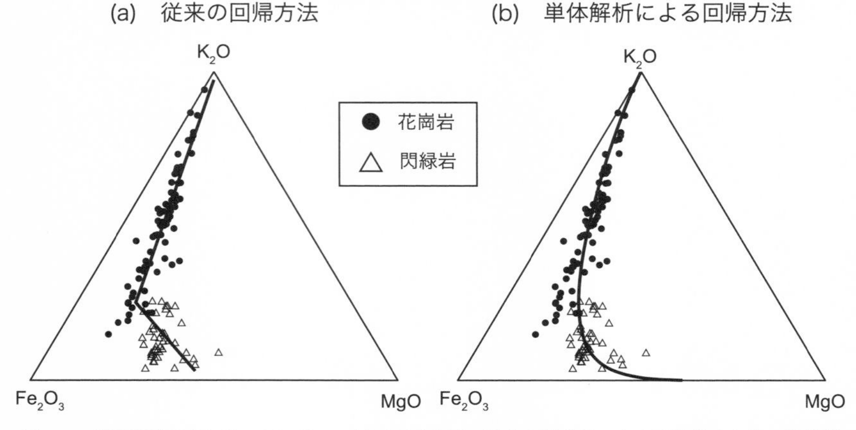

図 3.9 花崗岩類の $K_2O - Fe_2O_3 - MgO$ 三角図．従来の組成データの回帰線 (a) と，単体解析による組成データの回帰線 (b).

しているのかを数値化・評価することができない．そもそも，単体空間にて，実空間の幾何学である「直線」を当てはめてよいのかという疑問も残る．

そこで，今回紹介するのは，図 3.9b のような回帰線である (たとえば，von Eynatten, 2004)．この回帰線では，閃緑岩と花崗岩が連続的なトレンドの組成変化を示すと解釈できる．加えて，図 3.9b の線分がどれぐらいデータの分布に即しているのかを求めることができる．図 3.9b の場合，データの全分散の 96.51%をこの線分で説明できる．したがって，この回帰線は当てはまりが良いと評価できる．また，回帰線のトレンドを求めることもできる．図 3.9b の線分の場合，そのベクトルは $(K_2O, Fe_2O_3, MgO) = (61.9, 22.2, 15.9)$ となる．のちに言及するが，三角形の 2–単体空間の場合，その原点は (33.3, 33.3, 33.3) の三角形の中心になる．(33.3, 33.3, 33.3) は 3 つの頂点のどれにも寄っていないニュートラルな状態のベクトルである．したがって，33.3 より大きな値を示す成分は相対的な増加を，小さな値を示す成分は相対的な減少を表す．よって，$(K_2O, Fe_2O_3, MgO) = (61.9, 22.2, 15.9)$ というベクトルは，閃緑岩から花崗岩に向かって，連続的に K_2O が増加すると，Fe_2O_3 が減少，MgO がより多く減少することを示しており，これはマグマの分化プロセス (結晶分化作用) と矛盾しない内容の回帰線であるといえる．

3.3.2 単体解析の回帰線の描き方と適用例

では，図 3.9b の回帰線を描くのにはどのようにするかというと，以下の 3 手順を実行すれば可能となる．まず，図 3.10a のように，手持ちの組成データを対数比変換によって実空間に写像する．図 3.10b の変換後のデータは実空間の実数なので，通常の方法で回帰線を求めることができる．最後に，求めた回帰線を対数比の逆変換によって，組成データ版の回帰線を図 3.10c のように得ることができる．このようにして，図 3.9b に示した回帰線が求まり，たとえば決定係数などによってその回帰線の当てはまりの良さも求めることができる．

a. 砂岩の鉱物組成への適用

上記の手法を豊浦層群 (●) と豊西層群 (○) の砂岩組成データに適用した例を図 3.11 に示し，回帰線の活用事例を紹介する．豊浦層群と豊西層群を一緒にして回帰分析したものが図 3.11a になる．もしも，データが 1 本の回帰線に乗

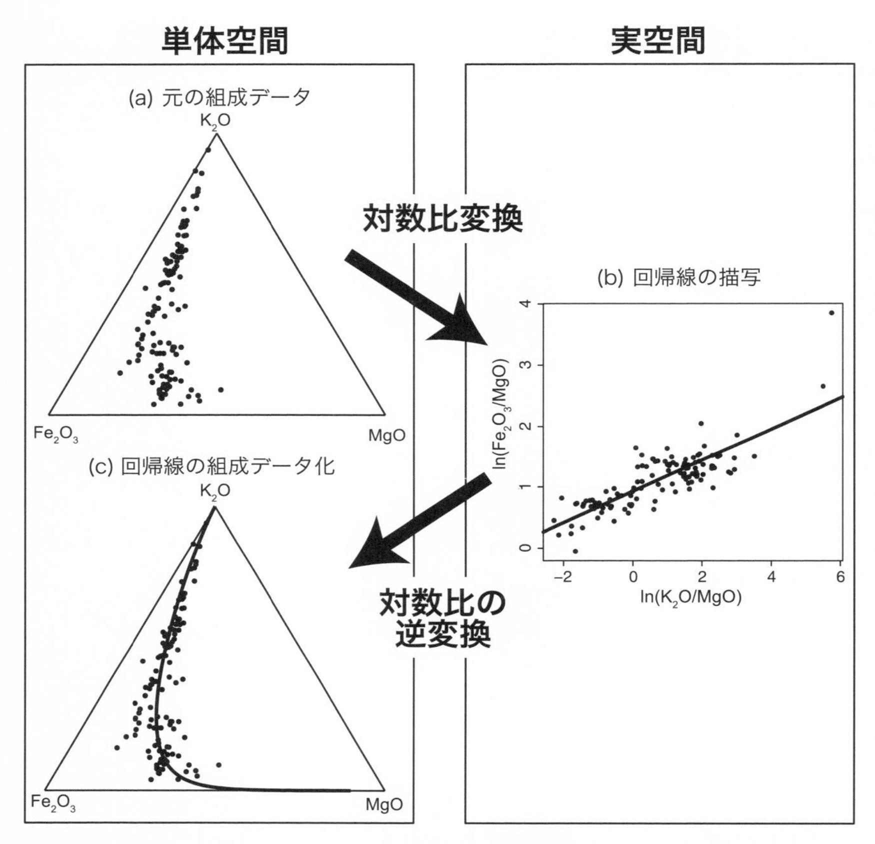

図 3.10　組成データの回帰分析の手順．(a) 組成データを対数比変換で実空間に写像する．(b) 実空間にて，通常の方法で回帰線を求める．(c) 回帰線を対数比の逆変換で組成データ化する．

れば，豊浦層群・豊西層群の砂は，起源が同一であり，何らかの作用によって組成が改変・分散したものであると解釈できる．しかし，この豊浦層群・豊西層群の回帰線は，特に豊浦層群のサンプルに対する当てはまりが良くないのが見てとれる．事実，寄与率 *1) は 66.25%なので半分ぐらいの分散しか，この回

*1)　ここでは，回帰線を最小二乗法などではなく，主成分分析によって求めている．これは後ほど紹介する CoDaPack が主成分分析を実行するので，解説の都合上，最初から主成分分析による回帰分析を採用している．寄与率とは，主成分 (線分) がどの程度データの分散に関与しているかを示す指標．

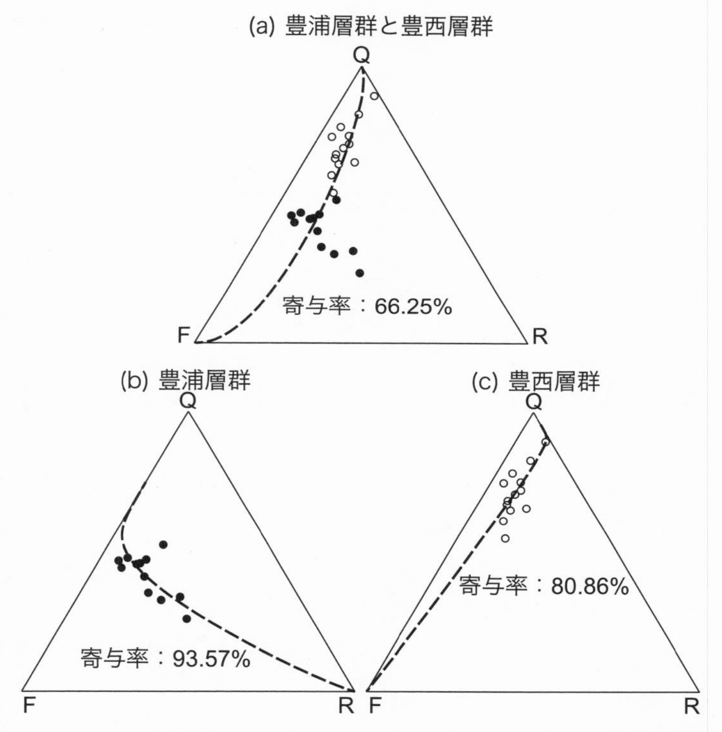

図 3.11 表 2.7 の豊浦層群 (●)・豊西層群 (○) の砂岩組成とその回帰線. (a) 豊浦層群と豊西層群を合わせた回帰分析. (b) 豊浦層群の回帰分析. (c) 豊西層群の回帰分析.

帰線では説明することができていない．このことから，豊浦層群・豊西層群の砂は，起源を同一にしていないと解釈される．一方，豊浦層群と豊西層群の回帰線を別々で算出すると，図 3.11b, c のように当てはまり具合が改善され，寄与率もそれぞれ，93.57%と 80.86%に上昇した．このことから，豊浦層群と豊西層群の砂は，別々の場所から供給された，異なる起源をもつものであると解釈できる．

3.3.3 CoDaPack による回帰線の描き方

上記の回帰線を CoDaPack で描写する方法を，以下にて簡単に紹介する．

- データの読み込みには，CoDaPack の「File」プルダウンメニューから，「Import」を選択して，Excel ファイルや，csv ファイルを読み込む．図 2.15

で紹介したように，CoDaPack の csv ファイルのセパレータがデフォルトではカンマになっていない点に注意したい．

- 「Graphs」のプルダウンメニューから，「Ternary/Quaternary Principal Components」(図 3.12) を選択する．ここで 1 点注意がある．CoDaPack では，回帰線を主成分分析 (Principal Component Analysis) で求めているので，メニュー名が Principal Components となっていたり，回帰線の名前が PC1 (Principal Component1：第 1 主成分) となっている．
- ポップアップウィンドウの「Available data」(図 3.13 ❶) から描きたい変数を選択して「>」(図 3.13 ❷) ボタンを押し，「Selected data」(図 3.13 ❸) に送る．変数を 3 つ選択すると三角図が描かれ，変数を 4 つ選択すると正四面体が描かれる．
- ポップアップウィンドウ下部の「Accept」(図 3.13 ❹) を選択すると回帰線を描いた図が返される (図 3.14)．デフォルト設定で赤い線が回帰線になる (凡例の PC1)．正四面体を描いた場合は，マウスでドラッグすると，図を 3 次元的に回転させることができる．
- 「File」プルダウンメニューの「Configuration ...」で軸や背景色などの設定を必要に応じて変更する．
- 「File」プルダウンメニューの「Save as ...」を選択すると，ベクタ形式や

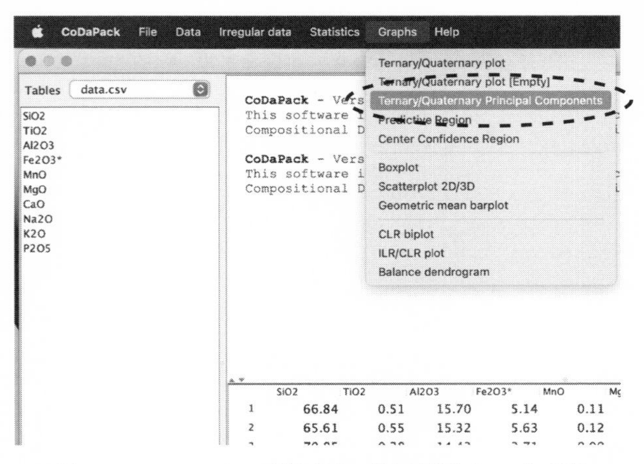

図 **3.12**　csv ファイルの読み込みの際には半角カンマに変更．

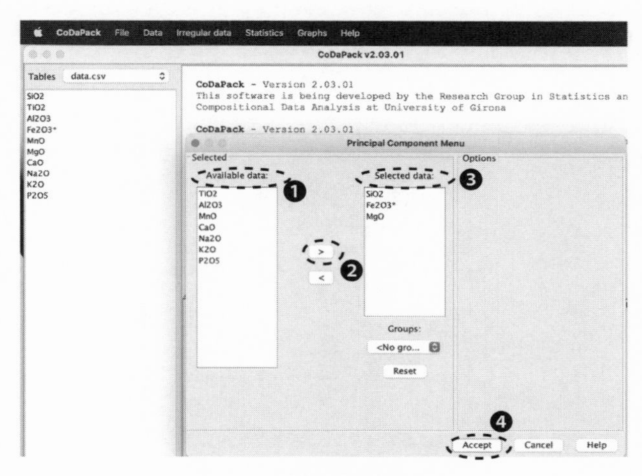

図 3.13 回帰分析の成分選択.

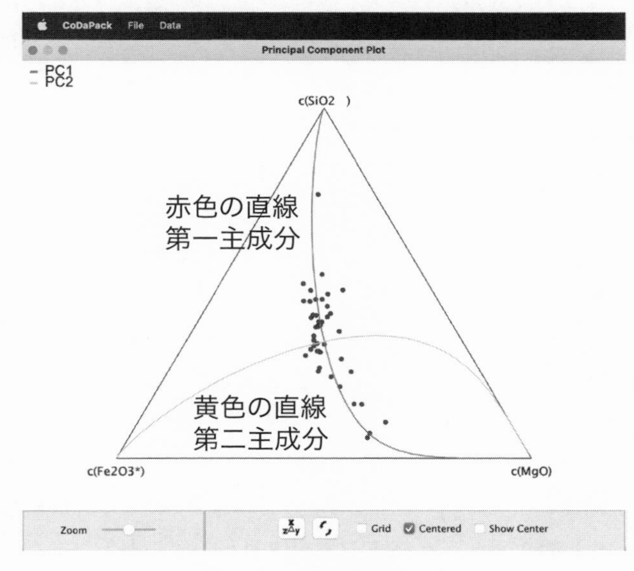

図 3.14 回帰分析の結果.

ラスタ形式で保存ができる.

- CoDaPack のメインウィンドウに戻ると，第 1 主成分 (PC1：回帰線)，第 2 主成分 (PC2：残差) の要約を確認できる (図 3.15). PC1 の各成分のパー

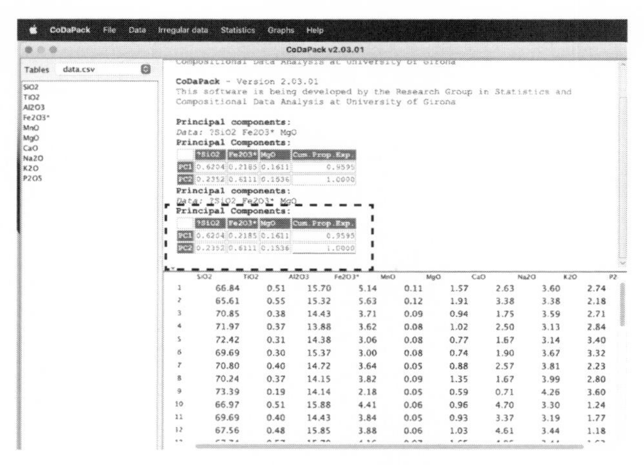

図 **3.15**　回帰分析の結果.

セント値は，回帰線の組成ベクトルになる．表の最後の列は，回帰線の累積寄与率を表している．たとえば，PC1 の寄与率が 0.9 であれば，データの全分散の 90%がこの回帰線で説明できているということになる．

◆ 3.4　組成データの多変量解析 ◆

組成データの統計解析の例として，3.2 節では組成データの信頼領域を，3.3 節では組成データの単回帰分析を紹介した．両方の事例とも，手順は同一であり，以下のステップを踏めば組成データに統計解析を施せることがわかった．

(1) 対数比変換によって，組成データを実空間に写像する．

(2) 実数の演算や統計解析を実行する．

(3) 演算・解析結果を，対数比の逆変換によって組成データに写像する．

この一連の手順に則って，(2) の部分を変えればどのような統計解析であっても，意図どおりに組成データに施すことができるわけである．また，今回示した 2 例は，本書の紙面で描写できるように，3 成分の組成データのみを扱ったが，より高次元の組成データにも，この手順で統計解析を施すこともできる．

したがって，この応用で組成データに多変量解析を実行することも可能となるのである．ここでは，岩石の風化・土壌化作用による化学組成変化の解析事例を紹介する．そして，組成データの旧来の解析例に対する，単体解析の優位性を示したいと思う．

3.4.1 岩石風化・土壌化と気候の関係

まず背景として，岩石は，地球表層の常温・常圧下で水の存在する環境にさらされると，ボロボロになり，最終的には土壌に変化する．この岩石が土壌に変化する作用を風化作用や土壌化作用という．風化作用 (土壌化作用) は，高温・多雨な場所では著しく進行して，寒冷・乾燥な場所ではあまり進行しない．したがって，熱帯雨林気候帯の土壌は風化作用によって，元の岩石と比べると化学組成が著しく改変されていて，寒冷気候帯や乾燥気候帯の土壌は化学組成の改変程度が少ない．そこで，土壌の化学組成から，風化作用の程度を定量化する指標 (風化指標) が開発できれば，その土壌のおかれた気候を判別できる可能性がある．

もしも，土壌の化学組成から，そのおかれた気候が判別できるのであれば，さらに野心的な応用が期待できる．地層には，過去の岩石風化生成物である，古土壌 [*2)] や泥岩 [*3)] というものが地質記録として残されている．これは，たとえば 1 億年前や，5 億年前の岩石風化生成物の記録であり，これに風化指標を適用すれば，1 億年前，5 億年前の古気候 (昔の気候) が推定できることになる．

しかし，残念ながらこの応用による，太古の気候の復元には問題点が存在する．すなわち，土壌や古土壌の化学組成は気候 (風化作用) に依存して変化するだけではなく，土壌の原材料である岩石 (源岩) そのものの化学組成によっても変化する．この源岩の初生的な化学組成バリエーションによって，気候 (風化作用) による化学組成変化が覆い隠されてしまう問題がある．

この問題は，従来の化学風化指標である CIA 値 (Nesbitt and Young, 1982) において顕著に露見する．CIA 値は以下の式で定義される化学風化指標である：

$$\mathrm{CIA} = \frac{\mathrm{Al_2O_3\%}}{\mathrm{Al_2O_3\%} + \mathrm{CaO\%} + \mathrm{Na_2O\%} + \mathrm{K_2O\%}}. \tag{3.1}$$

---

*2) かつての地表面で形成された土壌が埋没・岩石化して地層になったもの．

*3) 泥は粘土鉱物というものから構成されていて，この粘土鉱物は岩石の風化によって生成されたものである．さらに地表に溜まった泥が岩石化して地層として現れたものを泥岩という．

図 3.16a には，2 つの異なる源岩とその風化生成物 (土壌) の CIA 値を図示した．角閃岩 *4) の例では，未風化な角閃岩の CIA 初生値は低く，風化の進行によってその値が上昇しているのがわかる．珪質火砕岩 *5) の場合も同様であり，CIA 値は風化作用の進行に従って値が上昇している．ただし，未風化な角閃岩

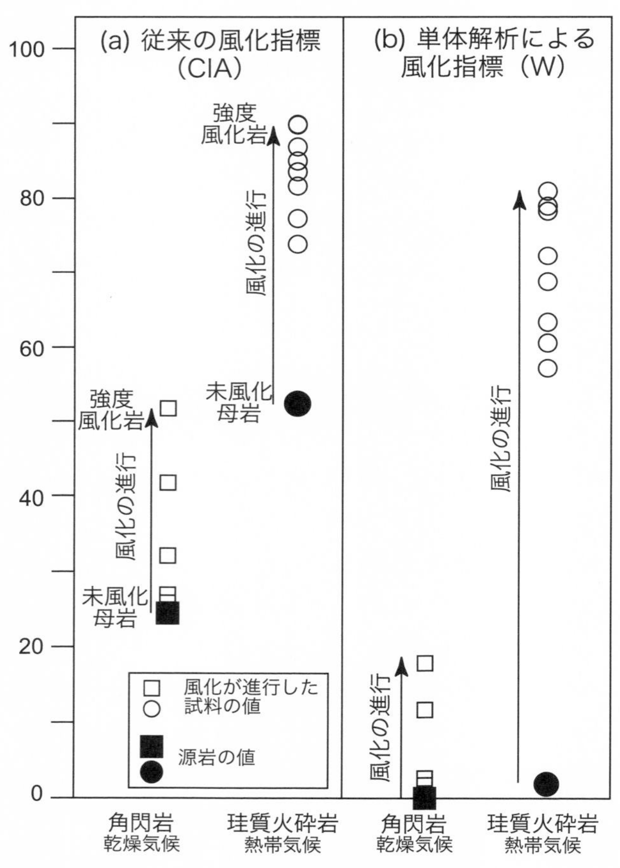

図 3.16 角閃岩と珪質火砕岩を源岩とする風化生成物の風化指標である CIA 値 (a)，ならびに W 値 (b)．角閃岩と珪質火砕岩のデータは Duzgoren-Aydin *et al.* (2002) と Sharma and Rajamani (2000) より引用．

---

*4) 角閃岩は角閃石を主体とする黒色の岩石．

*5) 白色の火山噴火物であり代表例は軽石である．

と未風化な珪質火砕岩の CIA 値は，それぞれ約 25%と 50%であり，初生値が大きく異なる．結果，強度に風化を受けた角閃岩と未風化な珪質火砕岩の CIA 値が，50%という同値になってしまっている．したがって，CIA 値が与えられても，50%などの個々の値が，未風化な状態を意味しているのか，それとも風化が進行していることを示唆するのか，判断できないという問題を抱えている．

3.4.2　単体解析を利用した多変量解析による風化作用の定量

上記から，土壌の元となる岩石の化学組成を相殺した風化指標が必要になることがわかる．そこで，単体解析によって開発された化学風化指標である W 値 (Ohta and Arai, 2007) を紹介する．W 値の開発方法の詳細は省略し，概要だけ述べると，Ohta and Arai (2007) では，さまざまな化学組成をもつ岩石 ($n = 110$) と風化岩・土壌 ($n = 179$) の化学組成データを集めた．このデータベースの変数である $SiO_2, TiO_2, Al_2O_3, Fe_2O_3, MgO, CaO, Na_2O, K_2O$ を対数比変換によって実空間に写像した．次に，実空間にて多変量解析の一種である主成分分析 [*6] を実施して，直交化 (独立化) された「岩石の初生的な化学組成変化」と「風化作用による化学組成変動」を抽出した．この「岩石の初生的な化学組成変化」と「風化作用による化学組成変動」という 2 変数を対数比の逆変換によって，組成データに変換して，W 値という風化指標を作成した．

この W 値を，前述の角閃岩と珪質火砕岩に適用したのが図 3.16b である．今度は，未風化な両岩石の W 値が同値なので，出発点が揃っており，適切に両岩石の風化度の進行を比較・評価することができるようになった．W 値は岩石の種類に左右されることなく，化学風化の情報のみを引き出しているといえる．

a.　W 値と気候の関係

W 値のもう一つの注目点は，角閃岩の風化による W 値の上昇と，珪質火砕岩のそれを比べると，珪質火砕岩の W 値上昇が著しく高いのがわかる (図 3.16b)．従来の CIA 値では，角閃岩の例でも珪質火砕岩の例でも，CIA 値の出発値から土壌化までの上昇値はほぼ同じであるのと対照的である．実は，角閃岩の例は，インドの半乾燥気候帯に発達する土壌のデータであり，珪質火砕岩は香港

[*6] 多変量空間から分散が最大となる軸を抽出する方法．

の熱帯湿潤気候に発達する土壌のデータであった．このことから，W 値が気候条件に応答した指標である可能性が示唆される．

そこで，図 3.17 には，世界中に分布する土壌を気候帯別に分類して，その W 値を比較した (Ohta *et al.*, 2011a)．図 3.17 下部にある Gelisol や Spodosol などは土壌の名称であり，図 3.17 上部にはその土壌が発達する代表的な気候帯を示している．氷雪気候，寒冷気候，温暖気候，熱帯雨林気候の順で W 値が上昇しているのがわかる．このことは，気温と W 値の相関を示している．また，乾燥気候 (Aridisol)，半乾燥気候 (Vertisol)，熱帯雨林気候 (Ultisol や Oxisol) の順でも W 値が上昇している．したがって，降雨量の増減と W 値が相関していることが見てとれる．まとめると，気温・降雨量が高くなるのに比例して W 値は高くなり，単体解析を利用して開発した W 値が気候推定の指標になることがわかる．

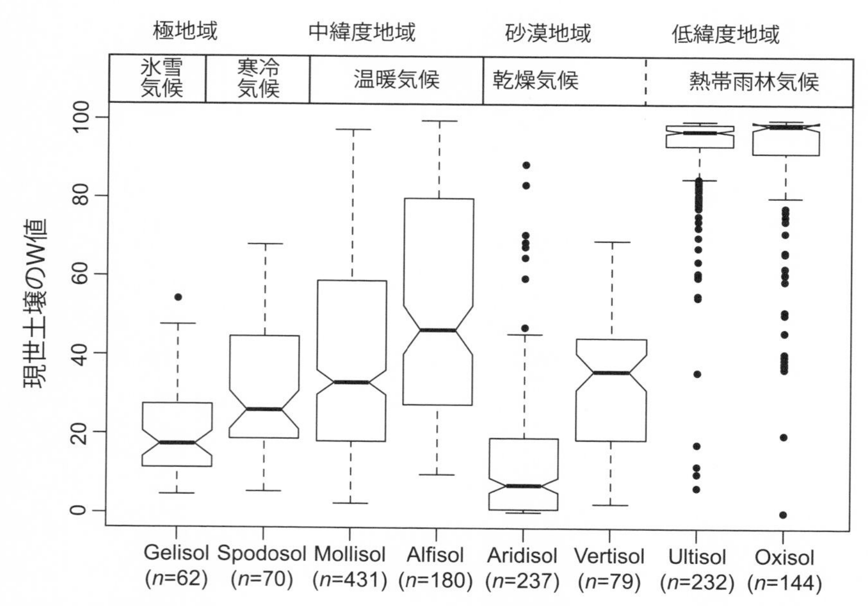

図 3.17 世界中に発達する現世土壌の W 値比較．氷雪気候から熱帯雨林気候までに発達する土壌の化学組成から W 値を換算した (Ohta *et al.*, 2011a)．寒冷気候と乾燥気候では W 値が低く，熱帯雨林気候帯では W 値が高い．

3.4.3 恐竜時代の古気候の復元

ここでは，上記の W 値を地層の中の土壌 (古土壌) に適用して，古気候 (昔の気候) を復元した研究事例を紹介する．

恐竜が繁栄していた約 1 億 2000 万年前，中国北部からモンゴルを中心とした地域において，生物群の繁栄・多様性の増大が化石記録から示唆されている (Chen, 1988; Chen *et al.*, 1999; Li *et al.*, 2007)．この化石群は「熱河生物群」と称されている．熱河生物群を特に有名にしたのが，恐竜から羽毛恐竜を経て初期鳥類に至る進化過程の化石が報告されたことによる (Zhou, 2014)．これによって，鳥類が恐竜から進化したものであることが明らかになった．そのほかにも裸子植物 (花) の誕生などが化石に記録されている (Sun, 2001; Zhou, 2014)．

おそらく，熱河生物群の繁栄と多様性増大は，複数の要因の積み重なりによって引き起こされたと考えられる．特に，気候変動が生物群の繁栄の要因の一つであったのではないかと指摘されている (Zhou *et al.*, 2004; Zhou, 2006)．そこで，Ohta *et al.* (2011a) では，中国・河北省に分布している熱河生物群の化石を産出する熱河層群の地層の古土壌・泥岩の W 値を分析した．

図 3.18 には，熱河層群の地層の積み重なりのスケッチ (図 3.18b) と得られた W 値 (図 3.18c) を示した．図 3.18a には地層の年代を記したが，地層は下から上に堆積していくので，下位ほど古い時代 (1 億 3540 万年前)，上位ほど新しい時代 (1 億 2000 万年前) の地層が配置されていることになる．図 3.18a にはさらに，熱河生物群の繁栄が開始した地層位置 (年代) と，鳥類 (孔子鳥 *7)) と被子植物 (花) が繁栄したポイントを記した．W 値 (図 3.18c) を見ると下位 (古い年代) では値が低く，熱河生物群の繁栄，鳥類の誕生などの多様性拡大した上位 (新しい年代) に向けて W 値が上昇しているのがわかる．この W 値の上昇は古気候の温暖化・湿潤化によるものだと考えられ，下位の 1 億 3000 万年前頃の W 値 (40 程度) は現世土壌の W 値 (図 3.17) と比べると，寒冷気候の土壌の値に近い．上位の 1 億 2000 万年前頃の W 値 (55 程度) は現世の土壌と比べると温暖湿潤気候の値に近い．したがって，温暖・湿潤化による，生物群にとって

---

*7) 熱河生物群の古鳥類で，古代中国の思想家である孔子にちなんで名づけられた．大きさはスズメ程度で祖先の恐竜の特徴を多数有している．

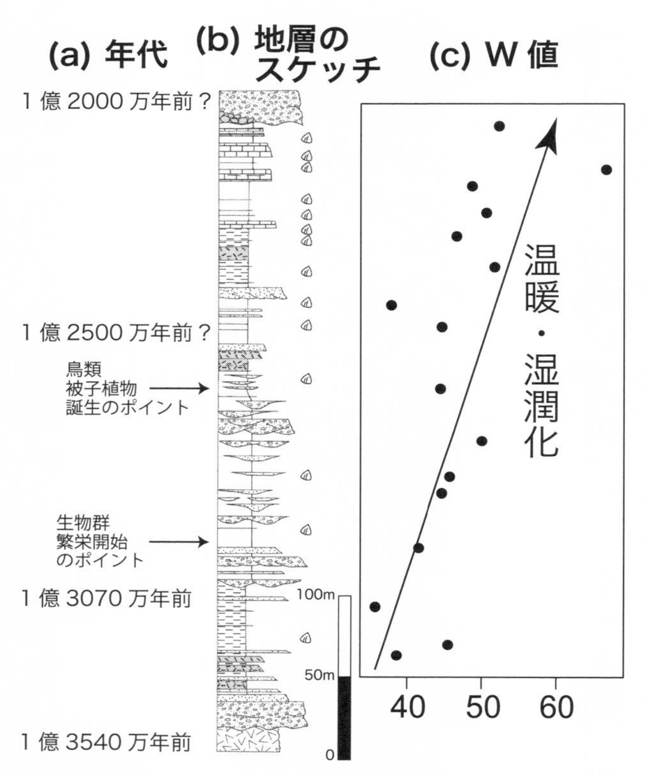

図 3.18 熱河層群の地層の積み重なりのスケッチ (b)，その年代 (a)，および W 値 (c) のプロット (Ohta *et al.*, 2011a).

の気候の好転が，生物の多様性拡大と進化をもたらした可能性が指摘できる．

まとめると，単体解析の登場によって，初めて組成データに多変量解析を実施することが可能になったわけである．これによって，従来の組成データの解析 (今回の例では，風化指標の CIA 値) では不可能であった，邪魔なデータ変動要因を取り除いて，抽出したい要因 (今回の例では，気候) のみを引き出すことも可能となった．

◆ 3.5 組成データの演算 ◆

本節では，組成データの演算について取り上げる．まずは，3.2 節と 3.3 節で紹介したのと同じ方法で，ここでは，ある出発物質・初期状態を示す組成データがあり，時間経過とともにその組成がどのように変化していくのかを予測する簡単な事例を考える (図 3.19a).

これを実行するのには，最初に，出発物質の組成とその変化トレンド (ベクトル) を対数比変換によって実空間に写像する．次に，実空間にて，出発物質と変化トレンドのスカラー倍によって，時間経過 t_1, t_2, t_3 における予測を一次線形式 ($\boldsymbol{y} = a\boldsymbol{x} + b$) にて求める (図 3.19b)．最後に，求めた t_1, t_2, t_3 を対数比の逆変換によって，時間経過による組成データを図 3.19c のように求めるこ

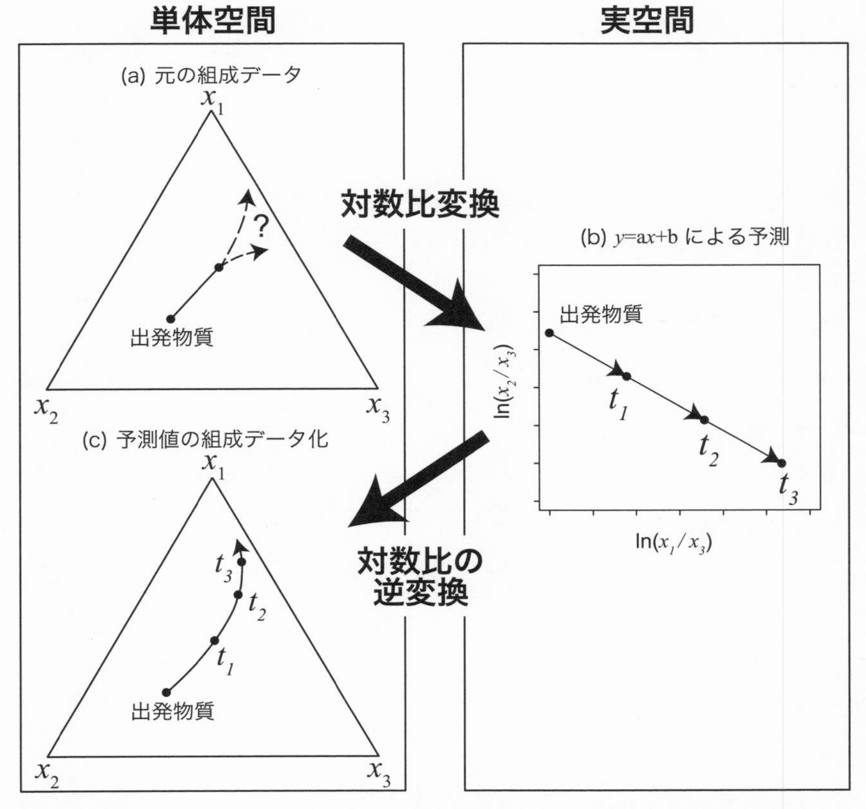

図 3.19 組成データのトレンドと予測の手順．(a) 組成データを対数比変換で実空間に写像する．(b) 実空間にて，t_1，t_2，t_3 の時間経過後における予測を一次線形モデルなどで求める．(c) 予測結果を対数比の逆変換で組成データ化する．

とができる (von Eynatten *et al.*, 2003).

しかし，今回の例題については，いちいち対数比変換とその逆変換を実行するのが煩わしく感じる．これは，対数比変換後の実空間で行っている演算が，足し算とスカラー倍だけの簡単な計算のみだからである．単体空間のベクトル演算を定義すれば，図 3.19b を経由することなく，直接計算ができる．そこで，Aitchison (1986) では，以下の組成データ演算を定義している．これらは，対数比変換を介してみると，実数の足し算・引き算・スカラー倍と同値なので，組成データの足し算・引き算・スカラー倍として定義されている．

摂動操作

単体空間における足し算が摂動操作 (perturbation operation) である．組成データ $\boldsymbol{x}$ と $\boldsymbol{y}$ の摂動操作は，以下の演算で定義する：

$$\boldsymbol{x} \oplus \boldsymbol{y} = C(x_1 y_1,\ x_2 y_2, \ldots, x_D y_D). \tag{3.2}$$

摂動操作は，組成データ $\boldsymbol{x}$ と $\boldsymbol{y}$ の各要素を掛け合わせて，合計が 100%になるように規格化する (100%への規格化を閉鎖操作と呼び，ここでは $C(\cdot)$ で閉鎖操作を表している)．

同様に，組成データの引き算は，以下のようになる：

$$\boldsymbol{x} \ominus \boldsymbol{y} = C(x_1/y_1, x_2/y_2, \ldots, x_D/y_D). \tag{3.3}$$

べき乗操作

単体空間における掛け算がべき乗操作 (power transformation) である．組成データ $\boldsymbol{x}$ と実数 α の積は，以下の演算で定義する：

$$\alpha \otimes \boldsymbol{x} = C({x_1}^{\alpha}, {x_2}^{\alpha}, \ldots, {x_D}^{\alpha}). \tag{3.4}$$

式 3.2〜式 3.4 は，対数比変換を通して見ると，実数の足し算・引き算・掛け算と同じ構造をもつ．たとえば摂動操作は，「組成 $\boldsymbol{x}$ と $\boldsymbol{y}$ を対数比変換して，通常の足し算を施し，対数比の逆変換で足し算の結果を組成データに戻す」という一連の操作を整理すると式 3.2 になるのである．

本節の冒頭の事例に戻ると，実空間の線形回帰モデルが $\boldsymbol{y} = a\boldsymbol{x} + b$ となるが，それに対応する単体空間の線形回帰モデルが，

$$\boldsymbol{y} = a \otimes \boldsymbol{x} \oplus \boldsymbol{b}$$

となる．たとえば，$a=2$ の場合 $\boldsymbol{y}=C({x_1}^2\cdot b_1,\ {x_2}^2\cdot b_2,\ {x_3}^2\cdot b_3)$ が実際の計算になる．

さらに，組成データにおける，実数の「ゼロ」，あるいは，実空間の「原点」に相当するものを定義する必要があり，これを単位元という．$\mathbb{S}^{D-1}$ の任意の元 $\boldsymbol{x}$ に対して，$\boldsymbol{x}\oplus\boldsymbol{I}=\boldsymbol{I}\oplus\boldsymbol{x}=\boldsymbol{x}$ が成り立つような $\boldsymbol{I}$ は摂動操作に関する単位元であり，D を変数の数とすると単位元は，

$$\boldsymbol{I}=C\left(\frac{1}{D},\ldots,\frac{1}{D}\right) \tag{3.5}$$

となる．たとえば，3 成分の組成データの場合，(33.3, 33.3, 33.3) が単位元になる．これが，実数の加法のゼロに相当し，2–単体 (三角形) 空間における原点に当たる．

次に，単体空間における距離関数を紹介する．Aitchison (1992) は，実空間のユークリッド距離関数と同等の性質をもつ，単体空間の距離関数として以下を提案し，この距離の指標は，アイチソン距離と呼ばれ (Pawlowsky-Glahn and Egozcue, 2001; Egozcue *et al.*, 2003)

$$\begin{aligned} d_a(\boldsymbol{x},\boldsymbol{y}) &= \left\{\sum_{i=1}^{D}\left(\ln\frac{x_i}{g(\boldsymbol{x})}-\ln\frac{y_i}{g(\boldsymbol{y})}\right)^2\right\}^{1/2} \\ &= \left\{\frac{1}{D}\sum_{i<j}\left(\ln\frac{x_i}{x_j}-\ln\frac{y_i}{y_j}\right)^2\right\}^{1/2} \end{aligned} \tag{3.6}$$

となる．

最後に，確率密度関数を紹介する．実空間において多変量正規分布を示す実数データを，たとえば ilr の逆変換によって組成データに変換すれば，単体空間における正規分布に相当する分布型が得られる (式 3.7)．このような組成データの分布型を，加法ロジスティック正規分布 (additive logistic-normal distribution)，または，ロジスティック正規分布 (logistic-normal distribution) と呼び (Aitchison, 1986; Pawlowsky-Glahn *et al.*, 2015)

$$f(\boldsymbol{x})=\frac{1}{(2\pi)^{(D-1)/2}|\boldsymbol{\Sigma}|^{1/2}}\cdot\exp\left[-\frac{1}{2}(\mathrm{ilr}(\boldsymbol{x})-\mu)\boldsymbol{\Sigma}^{-1}(\mathrm{ilr}(\boldsymbol{x})-\mu)^{\mathrm{T}}\right] \tag{3.7}$$

となる．式 3.7 の μ と $\boldsymbol{\Sigma}$ は $\mathrm{ilr}(\boldsymbol{x})$ の平均値と分散共分散行列である．

以上の演算 (式 3.2〜式 3.4)・距離関数 (式 3.6)・分布型 (式 3.7) を活用すれば，簡単な解析を組成データに直接施すことができる．しかし，多変量解析などのより複雑な解析については，3.2 節と 3.3 節の方法で組成データに施すのが便利であろう．

◆ ま と め ◆

第 2 章で紹介した対数比解析は単体空間から実空間に移動してデータを解析する方法だった．これに対して，本章で紹介した単体解析とは，単体空間にとどまって，組成データに直接，演算や統計解析を実施する方法である．これは，以下の手順で可能となる．

(1) 対数比変換によって，組成データを実空間に写像する．

(2) 実数の演算や統計解析を実行する．

(3) 演算・解析結果を，対数比の逆変換によって組成データに写像する．

この (2) の部分を変えれば，どのような統計解析・演算でも，組成データに施すことができるのである．

また，たとえば，(2) にて足し算を行う場合，上記の 3 つの手順すべての演算を展開しまとめると，組成データの足し算を定義でき，組成データの直接演算が可能となる．このようにして，組成データに対して表 3.1 のような演算や統計ツールが開発されている．

表 3.1 組成データの演算のまとめ．

摂動操作	組成データの足し算
べき乗操作	組成データの掛け算 (スカラー倍)
単位元	組成データのゼロ (原点)
アイチソン距離	組成データのユークリッド距離
加法ロジスティック正規分布	組成データの正規分布

4 絶対量変動法

本章では，組成データの問題解決策の3つ目である絶対量変動法を解説する．この方法は，本書で紹介した対数比解析 (第2章) と単体解析 (第3章) よりも，最も組成データの抱える問題を解消する効果が高いといえる．この方法を実行すれば，定数和制約をすべて解決でき，組成データの元となる基礎データを復元できる．

◆ 4.1 絶対量変動の復元原理 ◆

まずは組成データから絶対量が復元できることを概念的に，図1.2で紹介した箱の中のボールの事例で解説しよう．箱A, B, Cに赤ボール，青ボール，黒ボールが図4.1左上の数だけ入っているとする．図4.1では，各箱A, B, Cに入っている黒ボールの数が1個に固定されていて，黒ボールは不変量になっている点に注目されたい．これを組成データに変換すると図4.1右上のようになる．さらに組成データを黒ボールで規格化 (割り算) すると，右下が得られる．これは，図4.1左上の赤ボールと青ボールの絶対量と一致している．このように，組成データの変数のうち，絶対量が不変である変数で規格化すれば，基礎データ (絶対量) が復元できる．これはたとえば，選挙得票率のパーセント・データから，A党に投票した人数がわかるということである．同様に，テレビの視聴率データから，Aチャンネルを何人見ていたのかがわかることになる．

対数比解析 (単体解析) では，alr変換，clr変換，ilr変換の選択によるバリエーションが発生する．さらにalr変換を採択した場合，規格化成分によって，サンプル間の距離と角度が変化するので，さらなるバリエーションが発生する

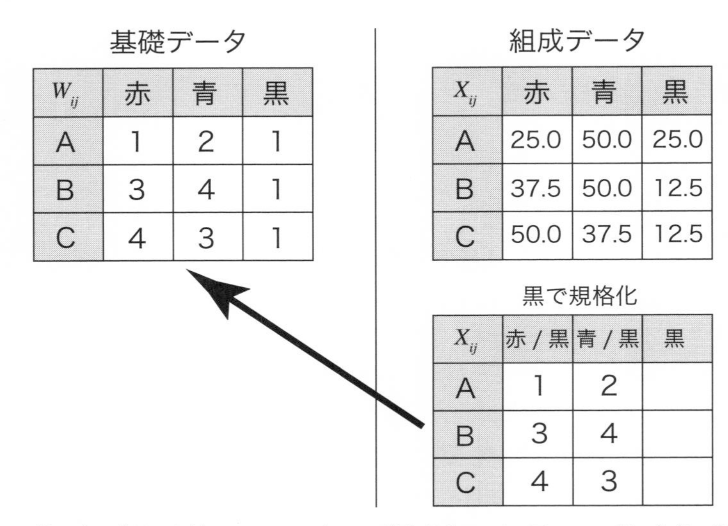

W_{ij}	赤	青	黒
A	1	2	1
B	3	4	1
C	4	3	1

X_{ij}	赤	青	黒
A	25.0	50.0	25.0
B	37.5	50.0	12.5
C	50.0	37.5	12.5

X_{ij}	赤 / 黒	青 / 黒	黒
A	1	2	
B	3	4	
C	4	3	

図 4.1　第 1 章で使用した箱 A, B, C のボールの数と組成データ (図 1.2) の例．左表の基礎データは，今回，黒ボールの数を一定 (不変成分) としている．右上は，この基礎データを組成データに変換したものである．右下は組成データを黒ボールの組成データで規格化したものである．

ことになる (2.8 節)．ilr 変換では，サンプル間の距離と角度が不変になるので，本書では ilr 変換の優位性を強く主張した (図 2.12)．しかし，ilr 変換でも変数選択によって，原点を軸にしてデータが回転するので，その意味では，完全に一義的な結果が得られるわけではない (図 2.12)．これに対して，絶対量変動法では，結果が完全に一義的であり，この点が対数比解析に対する大きな利点である．

4.1.1　絶対量変動法の難題

ここまでの話をまとめると，絶対量変動法は完璧な組成データの問題解決策であり，対数比解析と単体解析より有望な方法に思えるかもしれない．しかし，絶対量変動法も独自の問題を抱えている．

第一に，絶対量変動法を活用するためには，組成データの中で不変な成分がどれであるのかを，見抜かなくてはならない．図 4.1 では左上の基礎データ (絶対量) から黒ボールが不変成分であることが簡単にわかる．しかし，解析者の手元には，組成データしかないということが多い．図 4.1 右上の組成データのみが手元にある状態では，黒ボールが不変成分であることは看破できない．むしろ右上の組成データでは，青ボールが最も分散が少なく，青ボールが不変成分に見える．このように，手持ちの組成データのうち，どの変数が不変成分なのかがわからないので，本章で紹介する絶対量変動法を実行するのは，通常はかなり困難になる．地質学分野において，この絶対量変動法が採用されている研究をみると，TiO_2 (重量%) や Zr (ppm) を不変成分として採用している事例が多い．しかし，数学的になぜ，TiO_2 (重量%) や Zr (ppm) が不変成分と認定できるのかを説明している研究例は少ない．このように絶対量変動法には，不変成分をどのように選別するのかという問題が存在する．この問題についてはある程度の打開策が用意されており，それについては 4.3 節にて紹介する．

第二の問題点として，図 4.1 左上の黒ボールの例のように，真の不変成分が都合よく用意されているという状況は，天然のデータにおいては稀なことであろう．そして，そもそも不変成分といえる変数が存在しない場合，この方法は成り立たないことになる．運良く，変動が少ない成分が存在していたとしても，天然のデータは少なからずばらついている．そのような成分で規格化した場合，どの程度，絶対量変動を正しく復元できたのかを判断するすべがない．

上記の 2 つの問題点を解決できない，あるいは無視することができない場合は，対数比解析や単体解析を選択する必要がある．ただし，4.3 節にて上記の問題点の一部打開策を提案する．そして，たとえば地球化学の組成データを扱う場合，地質学的な背景，あるいは，化学的な背景から不変成分を，別角度から推定・認定できる場面も十分に考えられる．その場合は，絶対量変動法は非常に有効な解析手段になるだろう．

4.1.2 絶対量変動法の実践方法

さて，今まで述べてきたように，絶対量変動を復元するのには，不変成分で規格化すればよいのだが，実際の活用に際してはもう一段階の規格化が必要となる．図 4.1 では不変成分である黒ボールの数を 1 に設定していたが，たとえば，黒ボールの数を 2 に変更した例を図 4.2 に示す．この場合においても，依然として黒ボールは不変成分なのであるが，今回，黒ボールの組成データで規格化した結果 (図 4.2 右下) は，本来の絶対量変動の 0.5 倍になってしまう．こ

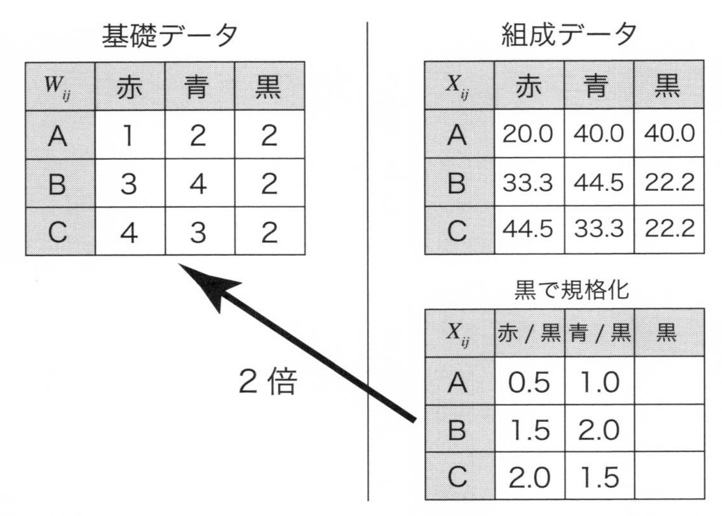

W_{ij}	赤	青	黒
A	1	2	2
B	3	4	2
C	4	3	2

X_{ij}	赤	青	黒
A	20.0	40.0	40.0
B	33.3	44.5	22.2
C	44.5	33.3	22.2

X_{ij}	赤 / 黒	青 / 黒	黒
A	0.5	1.0	
B	1.5	2.0	
C	2.0	1.5	

図 4.2　図 4.1 の黒ボールの数を 2 に変更したデータ．黒ボールは依然として不変成分であるが，組成データにおいて黒ボールで規格化すると絶対量の 0.5 倍になってしまう．

のように，規格化する不変成分の正味の値によって，復元される絶対量変動の倍率が変わってしまうのは不都合だといえる．そこで，基準となるサンプル (試料) を設定して，そのサンプル (試料) からどのくらい絶対量が変動しているのかを復元するという施策がとられるのが普通である．つまり，絶対量変動法では，「基準変数」と「基準試料」による二重の規格化をすることになる．

では，ここからは，この絶対量変動法の実行方法を紹介する．1.1 節でも述べたとおり，地質学分野では，複数の絶対量変動法が採用されてきたので，定義や数式表現が少しずつ工夫されて異なっている．ここでは，地質学分野以外にも汎用性があると考えられる単純な方法を「絶対量変動法」と呼んで紹介する．

事例として，固く緻密な岩石が，風化作用によって，柔らかく空隙がある土壌に変化する過程の化学変化を想定しよう．変化前の岩石の体積を v_p，密度を ρ_p とする．そして，この岩石の Zr の組成データ (濃度) は，$\mathrm{Zr_p}$ (ppm) であるとする．そうすると，初期状態の岩石の Zr の総重量は

$$v_p \times \rho_p \times \mathrm{Zr_p} \tag{4.1}$$

となる．同様に，変化後の土壌の体積を v_s，密度を ρ_s として，土壌の Zr の組成データ (濃度) を $\mathrm{Zr_s}$ (ppm) とする．そうすると，変化後 (土壌化後) の Zr 総

重量は

$$v_s \times \rho_s \times \mathrm{Zr_s} \tag{4.2}$$

となる．さらに，風化作用で，元の岩石から土壌化の際に増減する Zr の量を [フラックス Zr] で表し，式 4.1 と式 4.2 を等号でつなげると，初期状態の Zr 総量と，変化後の Zr 総量のマスバランスが以下のように記述できる：

$$v_p \times \rho_p \times \mathrm{Zr_p} = v_s \times \rho_s \times \mathrm{Zr_s} - [\text{フラックス Zr}]. \tag{4.3}$$

ここで，Zr は風化作用に際して不変な成分であると仮定しよう．すなわち，上記式 4.3 における [フラックス Zr] の項がゼロなので，

$$v_p \times \rho_p \times \mathrm{Zr_p} = v_s \times \rho_s \times \mathrm{Zr_s} \tag{4.4}$$

となる．さらに移項してまとめると，

$$\frac{v_s \times \rho_s \times \mathrm{Zr_s}}{v_p \times \rho_p \times \mathrm{Zr_p}} = 1,$$

$$\frac{v_s \times \rho_s}{v_p \times \rho_p} = \frac{\mathrm{Zr_p}}{\mathrm{Zr_s}} \tag{4.5}$$

となり，未知数であった v_p, ρ_p, v_s, ρ_s のすべてを，変化前の岩石の組成データ ($\mathrm{Zr_p}$) と変化後の土壌の組成データ ($\mathrm{Zr_s}$) で算出することができる．

ここで，再度，別の元素である Ca (重量%) の変化前と変化後のマスバランスを考えてみよう．上記の Zr の例と同様に，左辺に岩石，右辺に土壌の Ca 総重量を配置すると，

$$v_p \times \rho_p \times \mathrm{Ca_p} = v_s \times \rho_s \times \mathrm{Ca_s} - [\text{フラックス Ca}] \tag{4.6}$$

となり，移項して [フラックス Ca] についてまとめると，

$$\frac{[\text{フラックス Ca}]}{v_p \times \rho_p \times \mathrm{Ca_p}} = \frac{v_s \times \rho_s}{v_p \times \rho_p} \cdot \frac{\mathrm{Ca_s}}{\mathrm{Ca_p}} - 1 \tag{4.7}$$

となる．そして，右辺の第 1 項 $v_s \times \rho_s / v_p \times \rho_p$ は，式 4.5 の Zr の組成データで代理できる．すなわち，

$$\frac{[\text{フラックス Ca}]}{v_p \times \rho_p \times \mathrm{Ca_p}} = \frac{\mathrm{Zr_p}}{\mathrm{Zr_s}} \cdot \frac{\mathrm{Ca_s}}{\mathrm{Ca_p}} - 1 \tag{4.8}$$

となる．式 4.8 の左辺は，岩石の Ca 総重量に対する，土壌化による Ca の増減比率になる．一般化して記述すると，式 4.8 は，出発物質・初期状態 (式 4.8 左辺の分母) から，変化後のその成分 (式 4.8 左辺の分子) の増減を示している．すなわち，4 つの組成データ (この場合，Zr と Ca) のみから，任意の成分の実際の増減を復元できることになる．これが，絶対量変動法の原理となる．式 4.8 の値が正であると Ca は増加 (マス・ゲイン) していることを表し，負の値だと Ca は減少 (マス・ロス) を表す．値が −0.1 であれば Ca は 1 割減少，−0.9 であれば Ca は 9 割減少したことになる．

◆ 4.2　絶対量変動法の活用例 ◆

4.2.1　検証用の試料

まずは，絶対量変動法の活用例を紹介して，この方法の効果を最初に確認することにする．ここで活用するデータとしては，図 4.3 に示した米国・ジョージア州に分布する花崗岩とその上に分布する表層の土壌の化学組成データを使

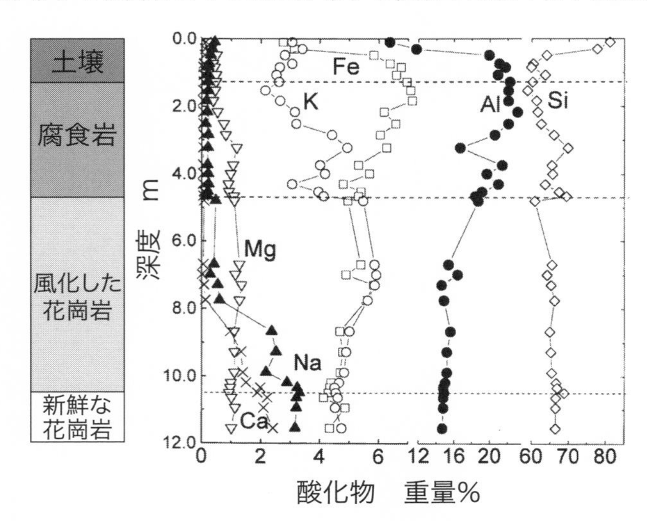

図 4.3　米国・ジョージア州に分布する花崗岩の土壌プロファイル．地下最深部から表層に向けて，新鮮な花崗岩・風化した花崗岩・腐食岩・土壌が累重する．それぞれの深度における，酸化物の含有量 (組成データ) を折れ線グラフで示している (White *et al.*, 2001).

用する (White *et al.*, 2001)．この組成データにそのまま解釈を与えた場合と，絶対量変動法を適用した場合の解釈を比較する．

本データは，地下の岩石が地表に向けて，徐々に風化して土壌に変化する試料の化学組成変化を追跡している．地下深部 12.0〜10.5 m には，新鮮な花崗岩が存在しており，深度 10.5〜5.0 m までは風化した花崗岩が分布している．さらに上位では，5.0〜1.0 m に，強度に風化した腐食岩 [*1] が分布し，最上部 1.0〜0.0 m には，風化の最終産物である土壌が露出している．地下深部の花崗岩から，地表の土壌まで 32 個の試料が採取され (図 4.3)，各試料には変数として，SiO_2%, Al_2O_3%, Fe_2O_3%, MgO%, CaO%, Na_2O%, K_2O%, TiO_2% の組成データが与えられている．

4.2.2　組成データと絶対量変動法の比較

ここでは，上記の米国・ジョージア州の花崗岩とその上に発達する風化岩・土壌の化学組成データ (White *et al.*, 2001) に対して，絶対量変動法を適用して，生の組成データによる解釈との相違を紹介する．まず，このデータ・セットにおける不変成分の認定が必要となるが，後述する変動係数法 (4.3.3 項) の検定結果を参照して，TiO_2 重量%を不変成分として採用した (4.3.5 項 b を参照いただきたい)．さらに絶対量変動法には規格化する試料が必要となる．今回の主目的は風化作用によって，出発物質の花崗岩がどのように変化するのかを知りたいので，最深部 12 m ほどに分布している未風化な花崗岩を規格化試料として採用した．そうすると，絶対量変動法の式 4.8 は，今回の場合，

$$\frac{\text{CaO の増減量}}{\text{未風化な花崗岩の CaO 量}} = \frac{\text{TiO}_2\ \text{重量\%(花崗岩)}}{\text{TiO}_2\ \text{重量\%(サンプル)}} \cdot \frac{\text{CaO 重量\%(サンプル)}}{\text{CaO 重量\%(花崗岩)}} - 1$$

となる (Ca の絶対量変動の場合)．

a.　Fe_2O_3 の変動

未風化な花崗岩から土壌までの Fe_2O_3 の組成データと絶対量変動を比較してみる (図 4.4)．組成データで Fe_2O_3 の変動を見ると，下位から上位に向かって値が上昇傾向にあり，さらに，土壌の最上位で急減していると捉えることができる (図 4.4 左)．

[*1]　岩石が強度に風化したものであるが，元の岩石の組織は保持しているもの．

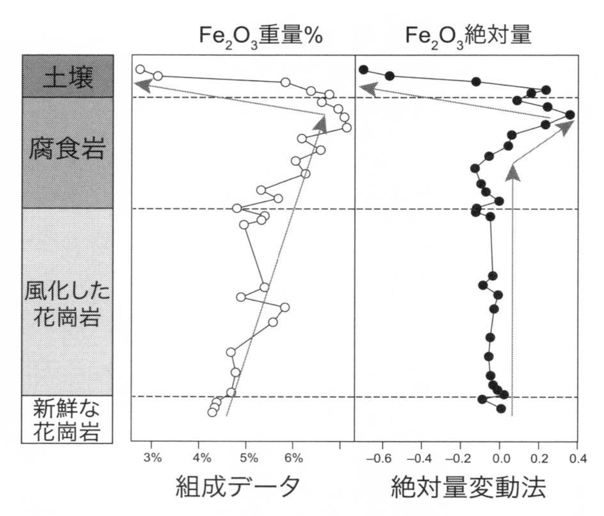

図 **4.4** 米国・ジョージア州に分布する花崗岩の土壌プロファイルにおける Fe_2O_3 の組成データ変動と絶対量変動の比較.

しかし，絶対量変動を復元してみると (図 4.4 右)，Fe_2O_3 の値は下位の新鮮な花崗岩から腐食岩の中位まで，0.0 付近で一定であるのが見てとれる．したがって，組成データで見られた Fe_2O_3 の上昇傾向は定数和制約の現れである可能性が浮上し，基本的には新鮮な花崗岩から腐食岩の中位まで Fe_2O_3 は不変であると考えられる．この，新鮮な花崗岩から腐食岩が分布している，相対的に深い位置の間隙水はアルカリ性であることが一般的である．この条件下では，Fe_2O_3 は溶脱が進みにくいので，不変であると示している，絶対量変動のデータは妥当である可能性が高い.

そして，絶対量変動法では，腐食岩の上位から土壌の下位において Fe_2O_3 の上昇が検知されている．White *et al.* (2001) では土壌の下位部分に B 層の存在が認定されている．B 層は一般的に Fe_2O_3 と Al_2O_3 が最も濃集する「集積層」と呼ばれている部位である．このように，White *et al.* (2001) の観察結果と Fe_2O_3 の絶対量変動法の値は矛盾しないと考えられる.

さらに上位の，土壌最上位では，絶対量変動法で Fe_2O_3 の急減が見られる．この土壌最上部は A 層と認定されていて (White *et al.*, 2001)，有機物に富む層準であると考えられる．有機物が多いと，有機酸が生成され間隙水が酸性になる．このような酸性条件下では，Fe_2O_3 は溶脱しやすくなるので，その影響で Fe_2O_3 が減少している可能性がある．

以上の土壌の各部位にて発生する化学条件に合致した Fe_2O_3 の変動を図 4.4 右の絶対量変動法が体現しているように見てとれる．

b.　SiO_2 の変動

次に，未風化な花崗岩から土壌までの SiO_2 重量%の変動を図 4.5 左に，SiO_2 の絶対量変動を図 4.5 右に示した．生の組成データを見ると (図 4.5 左)，下位の未風化な花崗岩から，上位の土壌に向けて，SiO_2 は若干の減少傾向にあると解釈できる．ただし，単調な減少ではなく，風化した花崗岩と腐食岩の境界で SiO_2 が一度上昇し，また，土壌の最上位でも SiO_2 の急激な上昇が再度認められる．SiO_2 は風化作用によって徐々に溶脱する元素なので，風化作用の最終産物である土壌上位では SiO_2 の量は最小になるはずである．しかし，組成データでは 20 重量%ほど顕著に上昇しているので，風化作用以外の何らかの作用が，表層付近で稼働していると解釈せざるをえない．たとえば，図 4.5 左のよ

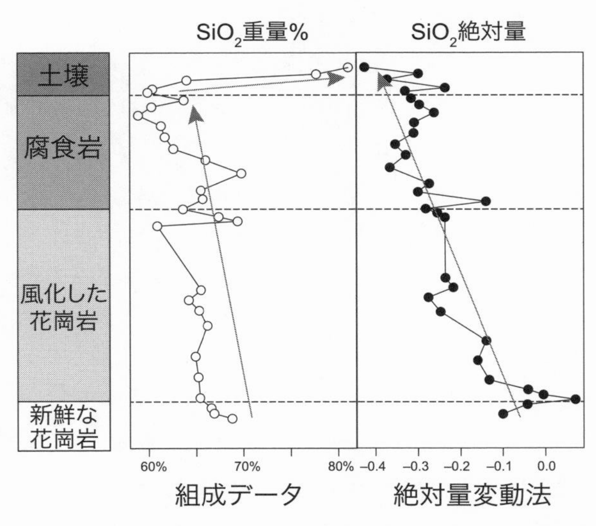

図 4.5　米国・ジョージア州に分布する花崗岩の土壌プロファイルにおける SiO_2 の組成データ変動と絶対量変動の比較．

うに，表土のみに物質を添加するプロセスとしては，大気圏からの風成塵 *2)の供給が考えられるかもしれない．したがって，図 4.5 の組成データを元に解釈を与えると，「SiO_2 は風化作用によって下位から上位に向かって徐々に減少するのだが，土壌の最上位では風成塵由来の SiO_2 が添加した」という解釈が成り立つであろう．

一方で，図 4.5 の右図に示した，絶対変動を見ると，下位から上位に向けて，比較的単調に SiO_2 が減少しているという解釈が成り立つ．絶対量変動法の値を見ると未風化な場合 (下位) は 0 で，最上位の風化した土壌では値が −0.4〜−0.3 程度なので SiO_2 の総量が線形的に 4〜3 割減少したことがわかる．生の組成データで認められた風化した花崗岩と腐食岩の境界における SiO_2 が一度上昇する傾向も，絶対変動では特段確認できない．特に，絶対変動では，組成データにて認知される土壌の最上位における SiO_2 の急激な上昇が確認できない．したがって，この組成データ上にて，感知される急上昇の変動は，定数和制約による「まやかし」であると考えられる．

前述の Fe_2O_3 の変動を議論した部分で述べたように，White *et al.* (2001) によると，土壌最上位は A 層と呼ばれる部位であり，Al_2O_3 や Fe_2O_3 が溶脱・枯渇する化学条件下にある．その結果，SiO_2 重量%の量が「相対的」に上昇したのが図 4.5 左の SiO_2 重量%の急激な上昇として現れたのであろう．したがって，絶対量変動法を元に図 4.5 を見ると，「SiO_2 は風化作用によって下位から上位に向かって比較的単調に減少し，その減少量は SiO_2 の総重量の 4〜3 割である」という解釈が成り立つであろう．この解釈は組成データを元にした解釈とは異なっており，かつ，風化作用に加えて風成塵の付加を持ち出すような複雑なプロセスを要しない解釈が与えられる．

c. K_2O の変動

最後に，K_2O の組成データと絶対量変動を比較する (図 4.6)．組成データ (図 4.6 右) では新鮮な花崗岩から風化した花崗岩まで上昇，その後，腐食岩との境界で急減，腐食岩中で再上昇，土壌との境界で再減，土壌中で上昇するのが見てとれる．この組成データから導かれる解釈は「K_2O は風化作用の進行とともに

---

*2)　砂漠地域などで舞い上がった砂や粘土が風によって運ばれたもの．

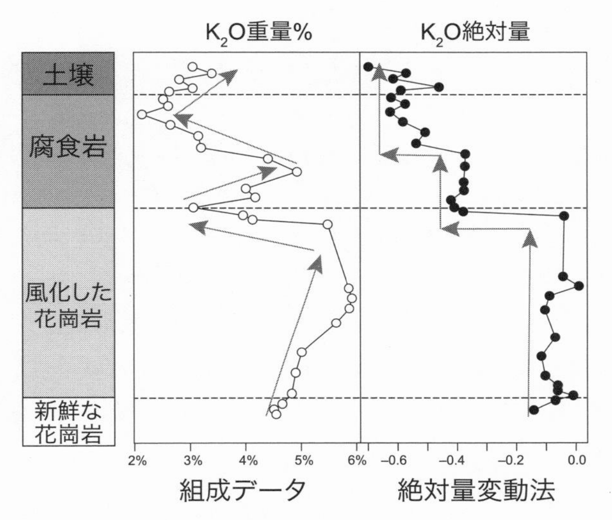

図 4.6　米国・ジョージア州に分布する花崗岩の土壌プロファイルにおける K_2O の組成データ変動と絶対量変動の比較.

複数回の増減を繰り返し，非常に複雑な変動をする」となるだろう．組成データにて確認される，風化作用の際に，複数回，K_2O が増加・集積する原理を，何とか考案しなくてはならないが，それは地球化学的にも土壌学的にも困難であろう．

一方で，絶対量変動法で復元した K_2O の増減を見ると，風化した花崗岩のゾーンでは不変であると解釈される．そして，風化した花崗岩と腐食岩の境界で値が急減する．その後，腐食岩の下部では一定の値を保持し，再度腐食岩中で減少して，最後に腐食岩上部と土壌では比較的一定の値を保持している．この絶対量変動法で復元した K_2O の値から導かれる解釈は「K_2O は風化作用の進行とともに段階的に溶脱し，階段状の減少パターンを示す．そして，K_2O は最終的に 6 割減少する」となるだろう．

d.　組成データと絶対量変動法の比較結果

以上のように，生の組成データに基づいて解釈を与えた場合と，絶対量変動法による解釈では，随分と異なることがわかった．White *et al.* (2001) による岩相の記載事実や，風化作用・土壌層位における元素の挙動に合致した結果を示したのが絶対量変動法であったといえる．

4.3 不変成分の特定

さて，絶対量変動法を採用できるのかは，組成データから的確に不変成分を特定できるのかにかかっている．一般的に，パーセント・データから不変成分を見つけるのは困難であるものの，筆者が知る限り，不変成分の特定方法が2つ考案されている．1つ目が，Woronow and Love (1990) が提唱して Schedl (1998) が改良した方法である．これを本書では，著者たちの頭文字を取って，「WLS 法」と命名して紹介する．もう1つの不変成分の検出法は，Ohta *et al.* (2011b) で示された変動係数を利用する方法であり，これを「変動係数法」と命名して紹介する．

4.3.1 WLS 法

WLS 法の詳細は，新井・太田 (2006b) にて紹介されており，また，これを自動で実行する R スクリプトも，新井・太田 (2006b) にて公開されているので，WLS 法の詳細についてはこの論文を参照願いたい．WLS 法は，4つの統計テスト (テスト1・テスト2・テスト3A・テスト3B) からなり，この一連のテストによって不変成分を検定する．テスト1，テスト2，テスト3A は Woronow and Love (1990) にて提案され，テスト3B は Schedl (1998) にて改良・追加された．

これらのテストは，手持ちデータを2群に分割して行うことになる．たとえば，岩石の土壌化データであれば，変化前の岩石と，変化後の土壌の2群に分割する．選挙得票率の組成データであれば，たとえば，1980〜2000年と2000〜2020年の国政選挙に分割することが必要となる．このような2群への分割は，サンプル群の差異が最大になるような分割をとるのが効果的であろう．以下では，WLS 法の概略を紹介するが，詳細は新井・太田 (2006b) を参照されたい．

a. テスト1

まずは，組成データのすべての組み合わせ成分ペアの対数比をとる．たとえば，組成データが (赤ボール%，青ボール%，黒ボール%) からなる場合は，ln(赤/青)，ln(赤/黒)，ln(青/黒) を計算して用意する．

そして，分割した 2 群において成分ペアの，母代表値が等しければ，その成分ペアは不変成分である可能性が高いと判断される．ただし，分割した 2 群の分布型が正規分布とみなせる場合は，F 検定と t 検定 *3) を実施して，両群に差異がないとの検定結果が出れば合格とする．しかし，分割した 2 群が正規分布しているとみなせない場合は，ウィルコクソンの順位和検定 *4) にて中央値の差異がないとの検定結果が出れば合格とする．

b. テスト 2

対数比のペア，$\ln(x_i/x_j)$ と $\ln[(x_i + x_j)/(100 - x_i - x_j)]$ をすべての変数の組み合わせに対して算出し，データが正規分布していればピアソンの相関係数の検定，あるいは，正規分布を仮定できなければスピアマンの順位相関の検定 *5) を実行する．この結果，母集団において無相関と判定された場合，x_i と x_j は不変成である可能性が高い．

ただし，筆者は知識不足のためか，なぜこのテストが不変成分の特定につながるのかを十分に理解できていない．事実，Schedl (1998) もこのテストが不変成分の必要条件ではなく，通過しておくほうが望ましい条件という程度であると示唆している．

c. テスト 3A

これは，重回帰分析 *6) を利用する方法になる．組成データの変数の数が D である場合，対数比ペア $\ln(x_1/x_2)$ が，$\ln(x_3/x_D), \ln(x_4/x_D), \ldots, \ln(x_{D-1}/x_D)$ の線形結合で説明できない場合 (F 分布による検定)，x_1, x_2 ペアは不変成分である可能性が高い．ただし，この方法では，すべての対数比ペアが不合格になることが多々あり，その場合，自由度調整済み決定係数の小さいものから全体の 1/4 までを不変成分の候補とする．

---

*3) F 検定は，2 群のデータセットの分散が母集団において等しいのかを検定する方法．t 検定は，2 群の平均値が母集団において等しいのかを検定する方法．

*4) データが正規分布していないときに，データの中央値が等しいのかを検定する方法．

*5) データが正規分布している場合は，ピアソンの相関係数の検定にて，2 変数の相関の有無を検定できる．また，スピアマンの順位相関の検定にて，データが正規分布しない場合の，2 変数の相関関係の有無を検定できる．

*6) 相関係数は，1 つの変数を 1 つの変数の変動で説明しようとする指標であったが，重回帰分析は，1 つの変数を複数の変数の変動で説明する多変量解析である．

d. テスト 3B

上記のテスト 3A において，すべての対数ペアが不合格になりやすいという不都合を Schedl (1998) が修正したものがテスト 3B となる．こちらは，重回帰分析ではなく，$\ln(x_1/x_2)$ のペアを，そのほかすべての対数比ペアとの相関係数を算出して，有意な相関数が偶然に出現する確率を検定する (ポアソン分布による検定)．すなわち，$\ln(x_1/x_2)$ とすべてのそのほかの対数比との有意な相関の数が偶然によるものでない場合，そのペアは不変成分である可能性がある，という検定になる．

4.3.2 WLS 法の検証

上記の，WLS 法の 4 つのテストを，すべて通過した変数は不変成分である可能性があり，それを利用すれば，組成データから絶対量変動を復元できるということになる (Woronow and Love, 1990; Schedl, 1998)．ただし，WLS 法には 3 つの問題点があげられる．

第一として，これらの 4 つのテストが，どのような数学的根拠に則って，不変成分の特定につながるのかの，説明がやや不十分であると感じる点である．これは特に，テスト 2 についていえる．

第二として，テスト 1 だけでも，多数の対数比ペアが発生し，その数だけの統計学的検定 (F 検定と t 検定) を行うことになる．加えて，テスト 2・テスト 3A・テスト 3B も行えば，実行する統計検定の数は膨大になる．ここから考えなくてはいけない問題は，統計検定の落とし穴である，いわゆる多重検定の問題 [*7] を，WLS 法が内包している可能性は否めない．

第三として，WLS 法では，手持ちデータに不変成分が，基本，2 つ存在している必要がある．もしかしたら，研究分野とそのデータ特性によっては，組成データに 2 つの不変成分が存在するという前提は，不自然ではない場合もあるかもしれない．しかし，どのような組成データにも，必ず不変成分が 2 つ用意されているという前提は厳しい制約である．その上で成り立つのが WLS 法である，ということを利用者は意識する必要があるだろう．

[*7] t 検定などを繰り返し実行すると，誤りで差異が優位と判断される確率が増加する問題．

以下では，WLS 法の利点を考察するために，不変成分を内包する人工的な組成データを数パターン生成して，それを WLS 法の検定にかけてその効果を検証してみた．以下ではまず，WLS 法の問題点を浮き彫りにする検証結果を紹介して，その後，WLS 法の利点・将来的展望について言及する．

a. 正規分布の基礎データ

この試行では，$w_1, w_2, w_3, w_4, w_5, w_6, w_7, w_8$ の変数を生成して，これを基礎データとした ($n = 100$)．w_1 から w_7 までは平均値 100 の正規分布に則る乱数から生成した変数であり，かつ順次，変動係数が減少するように設定し，そして，w_8 は平均値 100，変動係数 0 の完全な不変成分として設定した (表 4.1)．これを，組成データに変換したのが $x_1, x_2, x_3, x_4, x_5, x_6, x_7, x_8$ となる．つまり，今回の組成データ x_1 から x_8 に WLS 法を実施した場合，元の基礎データでは完全な不変成分であった x_8 とともに，元の基礎データでは 2 番目に不変成分であった x_7 が採用されれば，成功となる．

表 4.1 WLS 法を試験した正規分布の基礎データとその組成データの概要．

基礎データ	w_1	w_2	w_3	w_4	w_5	w_6	w_7	w_8
平均値	99.7	99.4	99.8	101	98.5	102	100	100
変動係数	0.328	0.320	0.263	0.216	0.141	0.121	0.0119	0.000
組成データ	x_1	x_2	x_3	x_4	x_5	x_6	x_7	x_8
平均値	12.4%	12.4%	12.5%	12.6%	12.3%	12.8%	12.5%	12.6%
変動係数	0.304	0.301	0.250	0.215	0.142	0.138	0.0691	0.00

この場合における WLS 法の実行によって，各テストを通過 (合格) した組成データ変数・ペアを表 4.2 に示した．基礎データにおいて不変成分であった x_8 と 2 番目に不変であった x_7 は，すべてのテストを通過しなかった．WLS 法で不変成分の候補として採用されたのは，いずれも変動するペアである，$x_3/x_2, x_4/x_3, x_6/x_5$ となり，不変成分の特定に失敗していることになる (表 4.2 の最終行)．

ただし，不変成分である x_8 と x_7 は，テスト 1 とテスト 2 を通過してはいる．ところが，テスト 1 とテスト 2 では，誤って通過した変動するペアも多数存在しているので，この表 4.2 の結果から，x_8 と x_7 が不変であると看破することはできないであろう．

表 **4.2**　表 4.1 に WLS 法を実行した結果.

テスト 1 通過ペア	x_4/x_1　x_5/x_1　x_3/x_2　x_4/x_2　x_5/x_2　x_6/x_2　x_7/x_2　x_8/x_2　x_4/x_3　x_5/x_3　x_6/x_3　x_7/x_3　x_8/x_3　x_5/x_4　x_6/x_4　x_7/x_4　x_8/x_4　x_6/x_5　x_7/x_5　x_8/x_5　x_7/x_6　x_8/x_6　x_8/x_7
テスト 2 通過ペア	x_2/x_1　x_3/x_2　x_4/x_3　x_6/x_5　x_8/x_7
テスト 3A 通過ペア	x_2/x_1　x_3/x_1　x_4/x_1　x_5/x_1　x_7/x_1　x_8/x_1　x_3/x_2　x_4/x_2　x_5/x_2　x_6/x_2　x_7/x_2　x_8/x_2　x_4/x_3　x_5/x_3　x_6/x_3　x_7/x_3　x_8/x_3　x_5/x_4　x_6/x_4　x_7/x_4　x_8/x_4　x_6/x_5　x_7/x_5　x_8/x_5　x_7/x_6　x_8/x_6
テスト 3B 通過ペア	x_2/x_1　x_3/x_1　x_4/x_1　x_5/x_1　x_6/x_1　x_7/x_1　x_8/x_1　x_3/x_2　x_4/x_2　x_5/x_2　x_6/x_2　x_7/x_2　x_8/x_2　x_4/x_3　x_5/x_3　x_6/x_3　x_7/x_3　x_8/x_3　x_5/x_4　x_6/x_4　x_7/x_4　x_8/x_4　x_6/x_5　x_7/x_5　x_8/x_5　x_7/x_6　x_8/x_6
すべてのテストを通過したペア	x_3/x_2　x_4/x_3　x_6/x_5

b.　一様分布の基礎データ

この試行では，条件を変えて，$w_1, w_2, w_3, w_4, w_5, w_6, w_7, w_8$ の変数を生成し，これを基礎データとした ($n = 100$)．今回は，w_1 から w_7 までは，平均値 100 の一様分布に則る乱数から生成した変数であり，かつ順次，変動係数が減少するように設定し，そして，w_8 は平均値 100，変動係数 0 の完全な不変成分として設定した (表 4.3)．これを，組成データに変換したのが $x_1, x_2, x_3, x_4, x_5, x_6, x_7, x_8$ である．つまり今回も，組成データ x_1 から x_8 に WLS 法を実施した場合，元の基礎データでは完全な不変成分であった x_8 とともに，元の基礎データでは 2 番目に不変成分であった x_7 が採用されれば，成功となる．

この場合の WLS 法の試行において，各テストを通過 (合格) した組成データ・ペアを表 4.4 に示した．基礎データにおいて不変成分であった x_7 と x_8 は，す

表 **4.3**　WLS 法を試験した一様分布の基礎データとその組成データの概要.

基礎データ	w_1	w_2	w_3	w_4	w_5	w_6	w_7	w_8
平均値	102	101	98.2	100	101	99.6	100	100
変動係数	0.211	0.219	0.109	0.0642	0.0546	0.0455	0.0435	0.000
組成データ	x_1	x_2	x_3	x_4	x_5	x_6	x_7	x_8
平均値	12.7%	12.6%	12.3%	12.5%	12.6%	12.4%	12.5%	12.5%
変動係数	0.190	0.194	0.112	0.0686	0.0632	0.0594	0.0588	0.0415

表 **4.4** 表 4.3 に WLS 法を実行した結果.

テスト 1 通過ペア	x_2/x_1	x_3/x_1	x_4/x_1	x_5/x_1	x_6/x_1	x_7/x_1	x_8/x_1
	x_3/x_2	x_4/x_2	x_5/x_2	x_6/x_2	x_7/x_2	x_8/x_2	x_5/x_4
	x_6/x_4	x_7/x_4	x_8/x_4	x_6/x_5	x_7/x_5	x_8/x_5	x_7/x_6
	x_8/x_6	x_8/x_7					
テスト 2 通過ペア	x_2/x_1	x_5/x_4	x_6/x_4	x_7/x_4	x_6/x_5	x_7/x_5	x_7/x_6
テスト 3A 通過ペア	x_2/x_1	x_3/x_1	x_4/x_1	x_5/x_1	x_6/x_1	x_7/x_1	x_8/x_1
	x_3/x_2	x_4/x_2	x_5/x_2	x_6/x_2	x_7/x_2	x_8/x_2	x_5/x_3
	x_6/x_3	x_8/x_3	x_5/x_4	x_6/x_4	x_7/x_4	x_8/x_4	x_6/x_5
	x_7/x_5	x_8/x_5	x_7/x_6	x_8/x_6	x_8/x_7		
テスト 3B 通過ペア	x_2/x_1	x_3/x_1	x_4/x_1	x_5/x_1	x_6/x_1	x_7/x_1	x_8/x_1
	x_3/x_2	x_5/x_2	x_6/x_2	x_7/x_2	x_8/x_2	x_4/x_3	x_5/x_3
	x_6/x_3	x_7/x_3	x_8/x_3	x_5/x_4	x_6/x_4	x_7/x_4	x_8/x_4
	x_6/x_5	x_7/x_5	x_8/x_5	x_7/x_6	x_8/x_6	x_8/x_7	
すべてのテストを通過したペア	x_2/x_1	x_5/x_4	x_6/x_4	x_7/x_4	x_6/x_5	x_7/x_5	x_7/x_6

べてのテストを通過せず，WLS 法で不変成分の候補として採用されたのは，いずれも変動する複数のペアとなる結果になった.

テスト 1・テスト 3A・テスト 3B では，不変成分である x_7 と x_8 がテストを通過している．しかし，不変成分ではないペアも多数，テストを通過するので，その中から x_7 と x_8 が不変成分であると認定するのは不可能である.

c. 相関のある基礎データ

この試行では，条件を変えて，$w_1, w_2, w_3, w_4, w_5, w_6, w_7, w_8$ の変数を生成し，これを基礎データとした ($n = 100$)．今回は，w_1 に対して，w_2 から w_7 までが，順次，相関係数が変化するように乱数を設定した．つまり，w_1 と w_2 は強い正の相関をもち，w_1 と w_3 は中程度の正の相関，w_1 と w_4 は弱い正の相関，w_1 と w_5 は弱い負の相関，w_1 と w_6 は中程度の負の相関，w_1 と w_7 は強い負の相関があるように設定した．そして，w_8 は平均値 100，変動係数 0 の完全な不変成分として設定した (表 4.5)．これを，組成データに変換したのが $x_1, x_2, x_3, x_4, x_5, x_6, x_7, x_8$ となる．つまり今回は，組成データ x_1 から x_8 に WLS 法を実施した場合，元の基礎データでは完全な不変成分であった x_8 が採用されれば成功となる．x_8 の変数ペアとしては，w_1 から w_7 は変動係数がほぼ同じなので，いずれもが採用される可能性があるという設計の試行である.

WLS 法の実行結果，基礎データでは不変成分であった x_8 が選択されること

表 4.5 WLS 法を試験した相関のある基礎データとその組成データの概要.

基礎データ	w_1	w_2	w_3	w_4	w_5	w_6	w_7	w_8
平均値	94.8	98.2	99.5	95.6	97.8	106	106	100
変動係数	0.351	0.338	0.315	0.296	0.312	0.291	0.318	0.000
組成データ	x_1	x_2	x_3	x_4	x_5	x_6	x_7	x_8
平均値	11.8%	12.2%	12.4%	11.9%	12.3%	13.4%	13.5%	12.6%
変動係数	0.319	0.308	0.283	0.261	0.310	0.319	0.353	0.0647

はなく，x_1 と x_2 が誤って不変成分として検定されてしまった (表 4.6)．元の基礎データにおいて，強い正の相関がある変数が存在する場合，この WLS 法で認定されるのは不変成分ではなくて，強い正の相関をもつ変数であるということが示唆される．

表 4.6 表 4.5 に WLS 法を実行した結果.

テスト 1 通過ペア	x_2/x_1 x_3/x_1 x_4/x_1 x_5/x_1 x_6/x_1 x_7/x_1 x_8/x_1 x_3/x_2 x_4/x_2 x_5/x_2 x_6/x_2 x_7/x_2 x_8/x_2 x_4/x_3 x_5/x_3 x_6/x_3 x_7/x_3 x_8/x_3 x_5/x_4 x_6/x_4 x_7/x_4 x_8/x_4 x_6/x_5 x_7/x_5 x_8/x_5 x_8/x_6 x_8/x_7
テスト 2 通過ペア	x_2/x_1 x_3/x_1 x_5/x_1 x_3/x_2 x_5/x_2 x_6/x_2 x_4/x_3 x_5/x_3 x_5/x_4 x_6/x_5
テスト 3A 通過ペア	x_2/x_1
テスト 3B 通過ペア	x_2/x_1 x_3/x_1 x_4/x_1 x_5/x_1 x_6/x_1 x_7/x_1 x_8/x_1 x_5/x_2 x_6/x_2 x_7/x_2 x_8/x_2 x_5/x_3 x_6/x_3 x_7/x_3 x_8/x_3 x_5/x_4 x_6/x_4 x_7/x_4 x_8/x_4 x_6/x_5 x_8/x_6 x_8/x_7
すべてのテストを通過したペア	x_2/x_1

d. WLS 法の利点と将来展望

まとめると，少なくとも上記の簡単な 3 例においては，WLS 法は不変成分を特定できなかったことになる．WLS 法は，組成データから不変成分を特定する精度に問題があると言わざるをえない．

ただし，本書には記載しなかったが，著者が実行したその他いくつかの人工データによる試行によって，WLS 法の利点も把握できた．人工データに，完全に不変な成分を 2 つ用意すると，WLS 法はその不変な成分，2 つを正確に特定する傾向がある．特にテスト 3B は，不変成分ペアのみを単独で特定した．

テスト 3B のみを採用すれば，不変成分を特定できるということであれば，WLS 法が抱える多重検定問題も解消できる．しかし，現時点では，なぜ WLS 法のテスト 3B が完全に不変な成分が 2 つある場合に有効になるのか，筆者はその理由を十分に考察しきれていない．そして，どの程度「不変」な 2 成分であれば，WLS 法のテスト 3B による特定が許容されるのかなどが，現時点では不明である．今後，WLS 法のテスト 3B が完全に不変な成分が 2 つある場合に有効になる理由とその精度が明らかになれば，より確度の高い不変成分の特定方法が確立できるのかもしれない．

しかし，繰り返しになるが，手持ちデータに「完全な不変成分」が 2 つも存在する幸運は非常に稀であるので，この WLS 法が適用できる現実の組成データは少ない可能性がある．

4.3.3 変動係数法

変動係数法の原理は，組成データでは不変成分を特定できないが，基礎データにおいては不変成分は一目瞭然であることを利用するものである (Ohta *et al.*, 2011b)．したがって，組成データの統計量と基礎データの統計量の関係式が存在すれば，組成データから基礎データの不変量を特定できるということになる．最初に，変動係数法にて利用する統計量をまとめて紹介する．

基礎データ：　$\boldsymbol{w} = (w_1, w_2, \ldots, w_D)$

組成データ：　$\boldsymbol{x} = (x_1, x_2, \ldots, x_D)$

平均値：　$\overline{w_i}$

標準偏差：　s_{wi}

変動係数：　V_{wi}

k 次標準化モーメント：

$$\alpha_{wi}^k = \frac{1}{n} \frac{\sum (w_i - \overline{w_i})^k}{s_{wi}^k}$$

相関係数：

$$r_{(wi,wj)} = \frac{\sum (w_i - \overline{w_i})(w_j - \overline{w_j})}{n \cdot s_{wi} \cdot s_{wj}}$$

第1章補足1では，組成データの平均値と，基礎データの統計量の関係式を，2次項までのマクローリン展開にて得た結果を紹介した．本節ではさらに，組成データの平均値を3次項までマクローリン展開し，精度の向上を図る．同様に，第1章補足2では，組成データの標準偏差と，基礎データの統計量の関係式を示したが，本節では，4次項までマクローリン展開したものを用意した．この標準偏差を平均値で割ったものが変動係数となり，以下のようになる．

$$V_{x_i/x_j} = \frac{(V_{w_i}^2 + V_{w_j}^2 - 2\alpha_{w_j}^3 V_{w_j}^3 + 3\alpha_{w_j}^4 V_{w_j}^4 - 2r_{(w_i,w_j)} V_{w_i} V_{w_j})^{1/2}}{1 + V_{w_j}^2 - \alpha_{w_j}^3 V_{w_j}^3 - r_{(w_i,w_j)} V_{w_i} V_{w_j}}. \quad (4.9)$$

式4.9は，組成データの変数比の変動係数(左辺の x_i, x_j)が，基礎データの統計量(右辺 w_i, w_j)で近似できることを示している．式4.9は近似式ではあるが，その誤差は5%以下である(Ohta *et al.*, 2011b)．

この式4.9によると，組成データ中の不変成分は，以下の2つの特性を有することがわかる．

a. 特性1

基礎データ w_p が不変成分であると仮定して，その組成 x_p を式4.9の x_j 部分(分母)に配置したとする．この場合，V_{w_p} はゼロになり，式4.9は，

$$V_{x_i/x_p} = V_{w_i} \quad (4.10)$$

となる．さらにここで，組成データの比 x_i/x_p を入れ換えて，不変成分を分子に配置するとする(x_p/x_i)．その場合，式4.9は，

$$V_{x_p/x_i} = \frac{(V_{w_i}^2 - 2\alpha_{w_i}^3 V_{w_i}^3 + 3\alpha_{w_i}^4 V_{w_i}^4)^{1/2}}{1 + V_{w_i}^2 - \alpha_{w_i}^3 V_{w_i}^3} \quad (4.11)$$

となる．つまり，組成データの不変成分 x_p と任意の x_i の比の変動係数をとった場合，不変成分 x_p を分母においた場合(式4.10)と，不変成分 x_p を分子においた場合(式4.11)では変動係数が変化する．

式4.11の，V_{w_i}，$\alpha_{w_i}^3$，$\alpha_{w_i}^4$ をさまざまに変化させたとき，V_{x_i/x_p} (式4.10)は，V_{x_p/x_i} (式4.11)よりも小さな値をとる傾向にある(Ohta *et al.*, 2011b の fig.2)．この特性1から，以下のテスト1が定義できる．

b. テスト1

組成データ変数のペアの比の組み合わせすべてにおいて，変動係数を比較す

る．成分 x_p と任意の x_i に対して，$V_{x_i/x_p} < V_{x_p/x_i}$ となる個数を数える．もしも w_p が不変成分であった場合，この個数は $D-1$ (D は変数の数) となる．もしも，逆に，w_p が最も変動している変数であれば，この数はゼロになる．したがって，このカウント数が最も多い変数が不変成分の候補となる．

しかし，このテスト 1 は，不変成分の特定のための必要十分条件ではない．なぜなら，強く正に歪んだ分布をもつ変数 ($\alpha^3_{w_i}$ = 大きい) も同様に，分母に配置された場合のほうが変動係数が低くなることがあるからであり，この点には注意が必要となる (Ohta *et al.*, 2011b の fig.2).

c.　特性 2

基礎データ中に 2 つの不変成分 (w_p = w_q = 一定) が存在する場合，$V_{w_p} = V_{w_q} = 0$ となり，式 4.9 は，

$$V_{x_p/x_q} = 0$$

となる．つまり，変数ペアの組み合わせのうち，その比の変動係数が最小となる変数 2 つが最も不変な成分である可能性がある．特に，V_{x_p/x_q} = 最小，であれば，分母に配置されている x_q が最も不変な成分である可能性がある．したがって，WLS 法のように，真に不変な成分が 2 つ存在する必要はないことになる．この特性 2 から，以下のテスト 2 が定義できる．

d.　テスト 2

w_p と w_q が最も不変な成分である場合，その組成ペアの変動係数 (V_{x_p/x_q}) はそのほかの成分比の変動係数より低い値をとる．したがって，どの組み合わせの組成ペアの変動係数よりも，低い変動係数を示す組成ペアは，最も不変な成分ペアである可能性が高い．

しかし，このテスト 2 は，不変成分の特定のための必要十分条件ではない．特に，$V_{w_i} = V_{w_j}$ かつ $r_{(w_i,w_j)} = 1$ である場合，つまり w_i と w_j が類似したふるまいを示す変数である場合，式 4.9 は，

$$\frac{-2\alpha^3_{w_i} V^3_{w_i} + 3\alpha^4_{w_i} V^4_{w_i}}{1 - \alpha^3_{w_i} V^3_{w_i}} \tag{4.12}$$

となり，この場合も小さな値をとりうる，という点には注意が必要となる．

したがって，実際のテスト 2 の実行においては，低い変動係数をとる組成ペ

アを4つないしは5つ選び出す．その組成ペアの分母分子に繰り返し現れる変数が，不変成分の候補となる．論理的に見れば，変動係数が最小となる変数ペア1つだけの，分母に配置されている変数を不変成分として採用すればよいのだが，このテスト2では多少の許容余地を設けた設定にしている．

4.3.4 変動係数法の検証

変動係数法のテスト1とテスト2は不変成分の特定に有効であると考えられる．しかし，不変成分ではない変数も，テスト1とテスト2を通過する場合があり，そのような誤りが起こるのは，式4.11と式4.12が極小値をとる場合である．式4.11と式4.12は，不変量でない w_i の変動係数 (V_{w_i})，歪度 $(\alpha^3_{w_i})$，尖度 $(\alpha^4_{w_i})$，相関係数 $r_{(w_p,w_i)}$ に依存して変化することがわかる．そこで，w_i の，これらのパラメータをさまざまに変化させた上で，Ohta *et al.* (2011b) では，5種類の人工データによって，変動係数法のテスト1とテスト2のパフォーマンスを検証した．その結果の概要を以下に紹介する．

a. 正規分布の基礎データ

この試行では，$w_1, w_2, w_3, w_4, w_5, w_6, w_7, w_8$ の変数を生成して，これを基礎データとした $(n = 100)$．w_1 から w_7 までは平均値100の正規分布に則る乱数から生成した変数であり，かつ w_1 から w_7 まで順次，変動係数が減少するように設定し，そして，w_8 は平均値100，変動係数0の完全な不変成分として設定した．これを，組成データに変換したのが $x_1, x_2, x_3, x_4, x_5, x_6, x_7, x_8$ となる (表4.7上段)．つまり，今回の組成データ x_1 から x_8 に変動係数法を実施した場合，元の基礎データでは完全な不変成分であった x_8 が採用されれば，成功となる．WLS法は統計的仮説検定を採用していたが，この変動係数法は数値の比較だけを行うことになる．したがって，採用した乱数が偶然にテストを通過する場合もあるので，1回の試行だけでは成功・不成功の判断ができない．そこで今回はテストの偶然性を排除するために，上記の条件に沿う乱数データセットを100通り作成して，変動係数法のテスト1とテスト2を100回，検証した．

表4.7下段にはテスト結果を示した．テスト1を通過した変数は，100回の試行において x_8 が70回，x_7 が25回であった (いくつかの試行において，同

表 **4.7**　変動係数法を試験した正規分布の基礎データとその組成データの概要.

基礎データ	w_1	w_2	w_3	w_4	w_5	w_6	w_7	w_8
変動係数	0.353	0.294	0.253	0.207	0.156	0.111	0.0591	0.000
組成データ	x_1	x_2	x_3	x_4	x_5	x_6	x_7	x_8
変動係数	0.322	0.270	0.235	0.198	0.158	0.127	0.0974	0.0773
テスト 1 通過	x_1	x_2	x_3	x_4	x_5	x_6	x_7	x_8
	0	0	1	0	2	14	25	70
テスト 2 通過	x_1	x_2	x_3	x_4	x_5	x_6	x_7	x_8
	0	0	0	0	0	0	7	93

点通過した変数があったのでテスト 1 の通過数が 100 以上になっている). したがって, テスト 1 は最も不変な成分である x_8 を高確率で認定しており, x_8 を認定できなかった場合でも, 次に不変である x_7 が選定されていることがわかる. 一方, テスト 2 については, 93 回の施行において x_8 を不変成分であると特定しているので, ほぼ完璧に不変成分を特定しているといえる. テスト 2 は, x_8 を特定していない場合でも, 次に不変である x_7 を選んでいる.

上記の正規分布の人工データと類似した条件のもと,「一様分布の人工データ」と「負に歪んだ分布の人工データ」においても, それぞれ 100 回テストを繰り返した. つまり, これらの試行は, 上記の「正規分布の人工データ」から, 尖度 $(\alpha^4_{w_i})$ と歪度 $(\alpha^3_{w_i})$ を極端に変えた例となる. 詳細は Ohta *et al.* (2011b) にゆずって, ここでは結果だけ紹介する. 一様分布の人工データの例では, テスト 1 は不変成分を 62/100 回特定し, テスト 2 は不変成分を 95/100 回特定した. 負の歪度をもつ人工データの例では, テスト 1 は不変成分を 96/100 回特定し, テスト 2 は不変成分を 89/100 回特定した.

したがって, 正規分布・一様分布・負の歪度をもつ人工データの場合, テスト 1 の正答率は 6〜9 割程度で, テスト 2 の正答率は 9 割程度だった. テスト 1, テスト 2 は, 真に不変な成分を特定できなかった場合でも, 手持ちデータ中における次に不変である成分を選ぶ傾向がある. よって, この 3 例については, 変動係数法のテスト 1 とテスト 2 のいずれも, 完璧ではないが十分な精度で不変成分を特定しているといえる.

b.　正の歪度をもつ基礎データ

この試行では, $w_1, w_2, w_3, w_4, w_5, w_6, w_7, w_8$ の変数を生成して, これを基礎

データとした ($n = 100$). w_1 から w_7 までは平均値 100 の正の歪度をもつ歪正規分布 (Azzalini, 1985; 2005) の乱数から生成した変数である．さらに，w_1 から w_7 にかけて，順次，正の歪みが大きくなるように設定した．そして，w_8 は平均値 100，変動係数 0 の完全な不変成分として設定した．これを，組成データに変換したのが $x_1, x_2, x_3, x_4, x_5, x_6, x_7, x_8$ となる (表 4.8 上段)．つまり，今回の組成データ x_1 から x_8 に変動係数法を実施した場合，元の基礎データでは完全な不変成分であった x_8 が採用されれば，成功となる．今回も，上記の条件に沿う乱数データセットを 100 通り作成して，変動係数法のテスト 1 とテスト 2 を 100 回，試してみた．

100 回の施行において，テスト 1 は不変成分である x_8 を，1 度も選ばなかった．したがって，テスト 1 は不変成分の特定に完全失敗している (表 4.8 下段)．代わりに，テスト 1 を誤って通過した変数は，高い正の歪度をもつ x_7 や x_6 であった．このことから，手持ちデータに正の歪度をもつ変数が存在する場合，テスト 1 は機能しないことがわかった．一方で，テスト 2 については，この条件でも 100 回の試行中，96 回も不変成分である x_8 を特定していることがわかる (表 4.8)．

表 4.8 変動係数法を試験した正の歪度をもつ基礎データとその組成データの概要．

基礎データ	w_1	w_2	w_3	w_4	w_5	w_6	w_7	w_8
変動係数	0.161	0.119	0.117	0.117	0.105	0.109	0.102	0.000
組成データ	x_1	x_2	x_3	x_4	x_5	x_6	x_7	x_8
変動係数	0.151	0.115	0.113	0.111	0.103	0.106	0.100	0.0460
テスト 1 通過	x_1	x_2	x_3	x_4	x_5	x_6	x_7	x_8
	4	8	18	20	22	31	28	0
テスト 2 通過	x_1	x_2	x_3	x_4	x_5	x_6	x_7	x_8
	1	0	0	1	1	0	1	96

c. 相関をもつ基礎データ

この試行では，$w_1, w_2, w_3, w_4, w_5, w_6, w_7, w_8$ の変数を生成して，これを基礎データとした ($n = 100$). w_1 から w_7 までは平均値 100 の正規分布の乱数から生成した変数である．ただし今回は，w_1 から w_7 にかけて，順次，相関係数が変化するように設定した．w_1 と w_2〜w_7 の相関係数は次のとおりである：$r_{(w_1,w_2)} = 0.99$，$r_{(w_1,w_3)} = 0.75$，$r_{(w_1,w_4)} = 0.30$，$r_{(w_1,w_5)} = -0.30$，$r_{(w_1,w_6)} = -0.75$，$r_{(w_1,w_7)} = -0.99$．そして，w_8 は平均値 100，変動係数 0 の完全な不変成分として設定した．これを，組成データに変換したのが $x_1, x_2, x_3, x_4, x_5, x_6, x_7, x_8$ となる (表 4.9 上段)．この試行でも，この条件に沿う乱数データセットを 100 通り作成して，変動係数法のテスト 1 とテスト 2 を 100 回，試してみた．

100 回の試行において，テスト 1 は不変成分である x_8 を 100 回とも完全に特定した (表 4.9)．ただし，テスト 2 においては x_8 は 7 回しか採用されなかった．代わりに，テスト 2 を誤って通過した変数は，高い正の相関をもつ x_1 や x_2 であった．したがって，手持ちデータに正の相関をもつ変数が存在する場合，テスト 2 は機能しないことがわかる (表 4.9)．

表 4.9　変動係数法を試験した相関をもつ基礎データとその組成データの概要．

基礎データ	w_1	w_2	w_3	w_4	w_5	w_6	w_7	w_8
変動係数	0.298	0.298	0.294	0.298	0.299	0.297	0.298	0.000
組成データ	x_1	x_2	x_3	x_4	x_5	x_6	x_7	x_8
変動係数	0.272	0.263	0.262	0.265	0.285	0.317	0.339	0.0731
テスト 1 通過	x_1	x_2	x_3	x_4	x_5	x_6	x_7	x_8
	0	0	0	0	0	0	0	100
テスト 2 通過	x_1	x_2	x_3	x_4	x_5	x_6	x_7	x_8
	67	70	1	0	0	10	10	7

d.　変動係数法の検証結果のまとめ

上記の内容をまとめると，一般的な基礎データ (正規分布～一様分布～負の歪度をもつ分布) においては，変動係数法のテスト 1 とテスト 2 は，十分な精度で不変成分を特定できているといえる．そして，不変成分の特定に失敗した場合でも，2 番目に不変な成分を選定する傾向にある．したがって，変動係数法は，不変成分の特定の実践活用が可能な水準にあるテストであるといえる．しかしながら，以下の問題点も明らかになった．

- テスト 1 は，正に歪んだ分布をもつ変数が存在すると，極端に不変成分の検知能力が低下する．
- テスト 2 は，正の相関がある変数が存在すると，極端に不変成分の検知能力が低下する．

この２つの欠点は，不変成分の特定において大きな問題である．しかし，幸いなことに，テスト１を誤って通過した変数は，テスト２も誤って通過する確率は下がる．同様に，テスト２を誤って通過する変数がテスト１の通過特性をも同時保持している確率は少なくなる．つまり，テスト１とテスト２の弱点は全く異なる性質に起因する内容なので，両者を相補的に利用すれば不変成分の特定は，不可能というわけではないと考えられる．

4.3.5 変動係数法を天然データに適用

上記の変動係数法の検証では，単純な構造をもつ人工データにて実施し，その精度は実用的レベルにあると結論した．しかし，より複雑な構造をもつ天然データでも，同様の能率を発揮できるとは限らない．そこで，本項では，２つの天然データに変動係数法を実行した事例を紹介する．

a. 国土利用の推移

表 4.10 は日本国勢図会 (矢野恒太記念会，2022) より引用した国土利用の年代推移を示している．表 4.10 の下段に示した変動係数を見ると，自然の土地である森林や水面・河川は年代推移の変化が少なく，ほぼ不変であることが見てとれる．反対に，人工的な土地利用である農地・道路・住宅地・その他宅地は年代推移が著しい．したがって，このデータを組成データに変換して変動係数法を適用した場合，森林や水面・河川が不変量として選ばれればよいことになる．

表 4.11 には国土利用の推移データを組成データ化して，変動係数法のテストを実行した結果を示した．テスト１にて不変成分の候補となったのは，農地，

表 4.10 国土利用の推移．単位は万 ha (矢野恒太記念会，2022)．

	農地	森林	原野等	水面・河川	道路	住宅地	工業用地	その他宅地
1970	581	2523	88	111	88	81	12	9
1980	546	2526	48	115	104	108	15	17
1990	524	2524	37	132	114	99	16	46
2000	483	2511	34	135	127	107	17	55
2010	459	2507	36	133	136	115	16	59
2019	440	2503	35	135	141	120	16	60
変動係数	0.11	0.0040	0.45	0.086	0.17	0.13	0.11	0.55
歪度	0.21	−0.22	2.2	−1.0	−0.48	−1.1	−1.8	−0.83

森林，水面・河川であった．農地については誤検定であるが，意図どおりに森林と水面・河川が選ばれたことになる．やはり懸念したとおりで，複雑な天然データでは変動係数法の精度が落ちている．

表 4.11 の下段にはテスト 2 の結果を示したが，こちらは森林と水面・河川が選ばれることがなかった．したがってテスト 2 は不変成分の検定に完全失敗している．この原因は組成データの元となった表 4.10 の基礎データの相関係数によるものである．国土の人工的な利用形態である道路，住宅地，その他宅地は，年々開発が進み，高い正の相関をもつ．このような高い正の相関をもつ変数ペアが表 4.10 には多数存在するので，テスト 2 は完全に失敗したのである．今回の国土利用のデータのように，天然のデータには元々高い相関を示す成分が含まれていることが多々あると考えられる．筆者の経験上，この例のように，変動係数法の実際の利用に際しては，テスト 1 に重きをおく必要があると感じている．

表 4.11 国土利用の推移 (表 4.10) を組成データ化して変動係数法のテストを実行した結果.

テスト 1	農地	森林	原野等	水面・河川	道路	住宅地	工業用地	その他宅地
	6	7	3	5	3	3	1	0

テスト 2				
	工業用地/水面・河川	水面・河川/工業用地	道路/住宅地	住宅地/工業用地
	工業用地/住宅地	住宅地/道路		

b. 花崗岩の土壌プロファイルへの適用

次に，4.2 節で使用した，米国・ジョージア州に分布する花崗岩から土壌に至る化学組成に対して，変動係数法を適用した例を示す．こちらはより複雑な天然データとなり，表 4.10 のように相関する変数ペアが存在するとともに，さらに，このデータには正の歪度をもつ変数も存在していると考えられる．

テスト 1 で良い結果を示した変数は SiO_2, Al_2O_3, Fe_2O_3, K_2O, TiO_2 であり，テスト 2 で良い結果を示した変数は Fe_2O_3, Al_2O_3, SiO_2, TiO_2 であった．両方のテストを共通で通過した変数は，Fe_2O_3, Al_2O_3, SiO_2, TiO_2 となる．おそらく，天然データでは完全な不変成分は存在しないために，今回の事例でも変動係数法は明確な不変成分の特定に至らなかったと考えられる．そこで，上記のテスト結果とともに，地質学的・地球化学的な背景も加味・考慮して不変成分を選定していく必要がある.

まず，候補となった Fe_2O_3, Al_2O_3, SiO_2, TiO_2 のうち，風化作用に対して強靱 (不変) なのは，地球化学的背景から Fe_2O_3, Al_2O_3, TiO_2 であると思われる.

表 4.12 の変動係数法の結果をそのまま受け止めれば，Fe_2O_3, Al_2O_3 が，最も良好な結果を返したといえる．しかし，地質学的背景を加味すると，Fe_2O_3, Al_2O_3 は風化作用に対して強い抵抗力があるといえるのだが，土壌化作用について考えると，不変成分であるとは言い難い．たとえば，Fe_2O_3, Al_2O_3 は有機物が多くて有機酸が生成される環境下では溶脱・変動することが知られている．この変動は土壌の上位層 (O 層・E 層・A 層) にて起こることがある．さらに，Fe_2O_3, Al_2O_3 は B 層と呼ばれる集積層に濃集することもある.

表 4.12 ジョージア州の土壌プロファイル・データに変動係数法を実行した例.

テスト 1	SiO_2	Al_2O_3	Fe_2O_3	MgO	CaO	Na_2O	K_2O	TiO_2
	7	6	5	2	0	1	4	3
テスト 2	Al_2O_3/Fe_2O_3	Fe_2O_3/Al_2O_3	TiO_2/SiO_2	SiO_2/TiO_2				
	Fe_2O_3/TiO_2	Al_2O_3/TiO_2						

SiO_2 も風化作用に対して比較的抵抗力があるのだが，SiO_2 は土壌中でコロイドを形成しやすい．コロイド状になると土壌の間隙水によって流出することがあり，不変な成分になりにくいと考えられる.

このような状況から，Fe_2O_3, Al_2O_3, SiO_2 は，土壌化作用の際に，流出したり，付加したりすることがありえて，不変成分ではない場合が多い (たとえば，Hamdan and Bumham, 1996).

最後に，Ti は 4 価であり，その高い価数から風化に対して強い抵抗力がある．加えて，TiO_2 は土壌中でコロイド状になりにくいので，土壌水・河川水によって流出されず，土壌中に残留しやすい．したがって，地質学的な背景を考慮すると，TiO_2 が不変成分となる可能性があり，現にテスト 1 とテスト 2 をともに通過しているので，この例では TiO_2 が最も不変な成分である可能性が示唆される.

上記の不変成分の選定の過程では，結局，地質学的・地球化学的背景を主な

理由にして TiO_2 を不変成分と認定していて，変動係数法のテスト結果は副次的な理由づけに格下げされているという感が否めなかったであろう．したがって，変動係数法も含めて，現状では天然の組成データの不変成分を特定するのは困難であると認めざるをえない．

◆ ま と め ◆

絶対量変動法は，定数和制約を完全に解消する上に，対数比変換のように規格化成分によるバリエーションも発生せず一義的な結果しか得られない．したがって，理想的な組成データの問題解決の方法であるといえる．しかし，手持ちの組成データ中に不変成分が存在するという前提条件が大きな障害であり，大多数の組成データは絶対量変動法の適用外になると考えられる．

また，組成データ中のどの変数が不変成分であるのかを特定するのも，一般的には困難な場合が多い．4.3.3 項において，不変成分の特定方法である変動係数法を紹介した．この変動係数法は，比較的高い確率で不変成分を特定できることも紹介した．しかし，ここでいう不変成分というのは，手持ちの組成データ中において，一番変動が少ない変数であり，その変数が真に不変な変数であるというわけではない．この点は誤解がないように，再度念押ししておきたい．さらに，4.3.5 項で紹介したように，天然の組成データの場合，変動係数法による不変成分の特定は困難となる場合が多い．今後，より精度の高い不変成分の特定法が開発されることに期待したい．

絶対量変動法は理想的な問題解決方法であるのだが，残念ながら，絶対量変動法の守備範囲は狭く，適用できるケースが限られるということになる．したがって，対数比解析と単体解析という別の選択肢が用意されていることが大きな意味をもつことになるのである．

◆ 補　　足 ◆

1. 変動係数法の自動化スクリプト

4.3 節にて，不変成分の特定方法として，WLS 法と変動係数法を紹介した．

両者とも手動で実行するのは難しい計算量なので，ここではこれを自動計算する方法を紹介する．WLS 法については，本文でも紹介したように，新井・太田 (2006b) にて自動で実行する R スクリプトが公開されているのでそちらを参照願いたい．

変動係数法を実行する R スクリプトを以下に示す．洗練されたスクリプトとは言い難いものではあるが，必要な場合，活用いただきたい．

まず，この R スクリプトを実行するためには，R に読み込むデータの形式を以下のように成形しておく必要がある．

- データファイルの，第 1 行には変数名を入力する．
- 通常，第 1 列にはサンプル名が記載されていることが多いだろうが，サンプル名は削除する (図 4.7)．
- データファイルは csv 形式に設定して，ファイル名は data.csv にする．

	A	B	C	D	E	F	G	H
1	SiO2	Al2O3	Fe2O3	MgO	CaO	Na2O	K2O	TiO2
2	81.1	8.8	2.74	0.21	0.14	0.44	3.05	1.91
3	77.7	11.8	3.12	0.31	0.12	0.35	3.4	1.5
4	64	19.9	5.83	0.5	0.11	0.31	2.81	1.38
5	60.4	21.1	6.37	0.39	0.07	0.25	3.05	1.07
6	59.9	21.7	6.76	0.44	0.06	0.23	2.63	1.21
7	63.7	20.9	6.6	0.49	0.06	0.2	2.52	1.26
8	60.3	22.3	6.95	0.48	0.06	0.2	2.61	1.16
9	58.9	22.1	7.08	0.45	0.06	0.22	2.14	1.08
10	61.3	22.1	7.13	0.39	0.05	0.16	2.65	1.2
11	61.7	23.1	6.18	0.53	0.06	0.19	3.15	1.21
12	62.6	22.1	6.58	0.74	0.06	0.14	3.2	1.31
13	66	20.6	6.05	0.81	0.07	0.23	4.41	1.33
14	69.8	16.7	6.26	1.18	0.06	0.21	4.93	1.49
15	65.5	21.4	5.31	1.06	0.05	0.2	4.01	1.22
16	65.7	19.7	5.68	0.98	0.05	0.22	4.18	1.27
17	63.6	21	4.8	0.9	0.05	0.23	3.06	1
18	67.4	19.1	5.39	0.92	0.07	0.21	3.96	1.27
19	69.4	18.4	5.32	1.09	0.06	0.2	4.13	1.26
20	60.9	18.7	4.95	1.1	0.08	0.47	5.48	1.08
21	65.5	15.4	5.39	1.27	0.06	0.42	5.86	1.16
22	64.2	16.4	4.89	1.14	0.01	0.29	5.92	1.11
23	65.3	14.6	5.83	1.35	0.08	0.54	5.87	1.22
24	66.2	14.9	5.57	1.28	0.13	0.6	5.63	1.19
25	64.9	15.6	4.68	1.09	0.96	2.36	5.01	1.02
26	65.2	15.2	4.78	1.11	1.33	2.51	4.9	1.05
27	65.4	15.2	4.69	1.11	1.39	2.17	4.83	1.02
28	66.6	15	4.38	0.99	1.5	2.88	4.66	0.94
29	66.9	14.8	4.34	0.97	1.98	3.23	4.51	0.91
30	68.8	14.9	4.29	0.93	1.88	3.31	4.55	0.87
31	66.5	14.8	4.13	1.01	2.21	3.21	4.62	0.94
32	66.5	14.8	4.86	1.13	2.09	3.2	4.53	1

図 **4.7** データファイルのイメージ．

• ファイル data.csv を R の作業ディレクトリに置く．

データファイルが用意できたら，下記，補足 2 のスクリプトをクリップボードにコピーして，R コンソール上にペーストすると，変動係数法が実行される．スクリプトを実行後，R コンソールの最後尾にテスト 1 とテスト 2 の結果が表示される．

```
------------------------------------------------------------
> ### results ###
> #test1
> (result12)
     SiO2 Al2O3 Fe2O3 MgO CaO Na2O K2O TiO2
[1,]    7     6     5   2   0    1   4    3
> #test2
> (result21)
     [,1]          [,2]          [,3]        [,4]
[1,] "Al2O3/Fe2O3" "Fe2O3/Al2O3" "TiO2/SiO2" "SiO2/TiO2"
     [,5]          [,6]
     "Fe2O3/TiO2" "Al2O3/TiO2"
------------------------------------------------------------
```

たとえば，4.2 節で活用した花崗岩–土壌の化学組成データに対してこのスクリプトを実行した場合，上記のような結果が R コンソールの最後尾に表示される．

`> #test1` に続く，SiO2, Al2O3 などの変数の下に記された数値は，それぞれの変数がテスト 1 を通過した回数を表している．`> #test2` に続く変数ペアはテスト 2 を通過した変数になる．この場合，最初に現れる Al2O3/Fe2O3 が 1 番目にテスト 2 を通過したペアになり，続く Fe2O3/Al2O3 は 2 番目にテスト 2 を通過したペアになる．このスクリプトでは上位 6 番目までのペアが表示される．このテスト結果と地質学・地球化学的背景をもとに，4.3 節で紹介した要領にて不変成分を特定することになる．

2. 変動係数法の R スクリプト

```
-----------------------------------------------------------------
data <- read.csv("data.csv")
ratio <- matrix(data=NA, nrow(data), ncol(data)*ncol(data))
pairnames <- array(data=NA,dim=ncol(data)*ncol(data))
k <- 1
for (i in 1:ncol(data)){
   for (j in 1:ncol(data)){
      ratio[,k] <- data[,i]/data[,j]
      pairnames[k] <-
         (paste(colnames(data[i]), colnames(data[j]), sep="/"))
      k <- k+1
      }
   }
colnames(ratio) <- pairnames
###test 1###
result1 <- array(data=NA, dim=c(ncol(data),ncol(data)))
k <- 1
for (i in 1:ncol(data)){
   for (j in 1:ncol(data)){
      result1[i,j] <- sd(ratio[,k])/mean(ratio[k])
      k <- k +1
      }
   }
result11 <- array(data=NA, dim=c(ncol(data),ncol(data)))
result12 <- array(data=NA, dim=c(1,ncol(data)))
for (i in 1:ncol(data)){
   for (j in 1:ncol(data)){
      result11[j,i] <- result1[i,j] > result1[j,i]
      }
   }
result12[1,] <- colSums(result11)
colnames(result12) <- colnames(data)
###test 2###
```

```
x <- ncol(data)*ncol(data)
result2 <- matrix(data=NA, 1,x)
result21 <- matrix(data=NA,1,6)
for (i in 1:x){
   result2[,i] <- sd(ratio[,i])/mean(ratio[,i])
   }
for (i in 1:ncol(data)){
   result2[,i+(i-1)*ncol(data)] <- NA
   }
for (i in 1:6){
   result21[1,i] <- pairnames[order(result2)[i]]
   }
### results ###
#test1
(result12)
#test2
(result21)
```

◆ 関連文献 ◆

Abers, G. A., Parsons, B. and Weissel, J. K. (1988) Seamount abundances and distributions in the southeast Pacific. *Earth and Planetary Science Letters*, **87** (1–2), 137–151.

Aitchison, J. (1986) *The Statistical Analysis of Compositional data*, Chapman and Hall.

Aitchison, J. (1992) On criteria for measures of compositional difference. *Mathematical Geology*, **24** (4), 365–379.

Aitchison, J. and Egozcue, J. J. (2005) Compositional data analysis: Where are we and where should we be heading? *Mathematical Geology*, **37** (7), 829–850.

Aitchison, J. and Shen, S. M. (1980) Logistic-normal distributions: Some properties and uses. *Biometrika*, **67** (2), 261–272.

Aitchison, J., Barceló-Vidal, C. and Pawlowsky-Glahn, V. (2002) Some comments on compositional data analysis in archaeometry, in particular the fallacies in Tangri and Wright's dismissal of logratio analysis. *Archaeometry*, **44** (2), 295–304.

Appleton, D. R., French, J. M. and Vanderpump, M. P. (1996) Ignoring a covariate: An example of Simpson's paradox. *The American Statistician*, **50** (4), 340–341.

新井宏嘉・太田亨 (2006a) 組成データ解析における 0 値および欠損値の扱いについて．地質学雑誌，**112** (7)，439–451.

新井宏嘉・太田亨 (2006b) 対数比法における規格化成分選定プログラム：Woronow–Love–Schedl 法の自動化．地質学雑誌，**112** (6)，430–435.

Aruga, R. (2004) Multivariate classification of constrained data: Problems and alternatives. *Analytica Chimica Acta*, **527** (1), 45–51.

Azzalini, A. (1985) A class of distributions which includes the normal ones. *Scandinavian Journal of Statistics*, **12**, 171–178.

Azzalini, A. (2005) The skew-normal distribution and related multivariate families. *Scandinavian Journal of Statistics*, **32** (2), 159–188.

Barceló-Vidal, C., Pawlowsky-Glahn, V. and Grunsky, E. (1996) Some aspects of transformations of compositional data and the identification of outliers. *Mathematical Geology*, **28** (4), 501–518.

Baxter, M. J. (1993) Comment on D. Tangri and R.V.S. Wright, "Multivariate analysis of compositional data": Applied comparisons favour standard principal components analysis over Aitchison's loglinear contrast method. *Archaeometry*, **35** (1), 112–115.

Brandt, M., Heinze, J., Schmitt, T. and Foitzik, S. (2005) A chemical level in the coevolutionary arms race between an ant social parasite and its hosts. *Journal of Evolutionary Biology*, **18** (3), 576–586.

Brimhall, G. H. and Dietrich, W. E. (1987) Constitutive mass balance relations between chemical composition, volume, density, porosity, and strain in metasomatic hydrochemical systems: Results on weathering and pedogenesis. *Geochimica et Cosmochimica Acta*, **51** (3), 567–587.

Brimhall, G. H., Lewis, C. J., Ague, J. J., Dietrich, W. E., Hampel, J., Teague, T. and Rix, P. (1988) Metal enrichment in bauxites by deposition of chemically mature aeolian dust. *Nature*, **333** (6176), 819–824.

Butler, J. C. (1978) Visual bias in R-mode dendrograms due to the effect of closure. *Journal of the International Association for Mathematical Geology*, **10** (2), 243–252.

Butler, J. C. (1979a) Effects of closure on the measures of similarity between samples. *Journal of the International Association for Mathematical Geology*, **11** (4), 431–440.

Butler, J. C. (1979b) Trends in ternary petrologic variation diagrams: Fact or fantasy? *American Mineralogist*, **64** (9–10), 1115–1121.

Butler, J. C. (1981) Effect of various transformations on the analysis of percentage data. *Journal of the International Association for Mathematical Geology*, **13** (1), 53–68.

Cardenas, A. A., Girty, G. H., Hanson, A. D., Lahren, M. M., Knaack, C. and Johnson, D. (1996) Assessing differences in composition between low metamorphic grade mudstones and high-grade schists using logratio techniques. *The Journal of Geology*, **104** (3), 279–293.

Chadwick, O. A., Brimhall, G. H. and Hendricks, D. M. (1990) From a black to a gray box: A mass balance interpretation of pedogenesis. *Geomorphology*, **3** (3–4), 369–390.

Chan, W. and Bentler, P. M. (1993) The covariance structure analysis of ipsative data. *Sociological Methods & Research*, **22** (2), 214–247.

Chayes, F. (1949) On ratio correlation in petrography. *The Journal of Geology*, **57** (3), 239–254.

Chayes, F. (1960) On correlation between variables of constant sum. *Journal of Geophysical Research*, **65** (12), 4185–4193.

Chayes, F. and Kruskal, W. (1966) An approximate statistical test for correlations between proportions. *The Journal of Geology*, **74** (5), Part 2, 692–702.

Chen, P. J. (1988) Distribution and migration of Jehol fauna with reference to the nonmarine Jurassic-Cretaceous boundary in China. *Acta Palaeontologica Sinica*, **27**, 659–683.

Chen, P. J., Dong, Z. M. and Zhen, S. N. (1999) Distribution and spread of the Jehol Biota. *Paleoworld*, **11**, 1–6.

Comas-Cufí, M. and Thió-Henestrosa, S. (2011) CoDaPack 2.0: A stand-alone, multiplatform compositional software. in Egozcue, J., Tolosana-Delgado, R. and Ortego, M. eds. *CoDaWork'11: 4th International Workshop on Compositional Data Analysis*, Sant Feliu de Guíxols.

Corral, Á., Boleda, G. and Ferrer-i-Cancho, R. (2015) Zipf's law for word frequencies: Word forms versus lemmas in long texts. *PLoS ONE*, **10** (7), e0129031.

Di Leo, P., Dinelli, E., Mongelli, G. and Schiattarella, M. (2002) Geology and geochemistry of Jurassic pelagic sediments, Scisti silicei Formation, southern Apennines, Italy. *Sedimentary Geology*, **150** (3–4), 229–246.

Duzgoren-Aydin, N., Aydin, A. and Malpas, J. (2002) Re-assessment of chemical weathering indices: Case study on pyroclastic rocks of Hong Kong. *Engineering Geology*, **63** (1–2), 99–119.

Egozcue, J. J., Pawlowsky-Glahn, V., Mateu-Figueras, G. and Barceló-Vidal, C. (2003) Isometric logratio transformations for compositional data analysis. *Mathematical Geology*, **35** (3), 279–300.

Etzioni, R., Hawley, S., Billheimer, D., True, L. D. and Knudsen, B. (2005) Analyzing patterns of staining in immunohistochemical studies: Application to a study of prostate cancer recurrence. *Cancer Epidemiology Biomarkers & Prevention*, **14** (5), 1040–1046.

von Eynatten, H. (2004) Statistical modelling of compositional trends in sediments. *Sedimentary Geology*, **171** (1–4), 79–89.

von Eynatten, H., Barceló-Vidal, C. and Pawlowsky-Glahn, V. (2003) Modelling compositional change: The example of chemical weathering of granitoid rocks. *Mathematical Geology*, **35** (3), 231–251.

Fry, J. M., Fry, T. R. and McLaren, K. R. (2000) Compositional data analysis and zeros in micro data. *Applied Economics*, **32** (8), 953–959.

Gabaix, X. (2016) Power laws in economics: An introduction. *Journal of Economic Perspectives*, **30** (1), 185–206.

Grant, J. A. (2005) Isocon analysis: A brief review of the method and applications. *Physics and Chemistry of the Earth, Parts A/B/C*, **30** (17–18), 997–1004.

Gutenberg, B. and Richter, C. F. (1944) Frequency of earthquakes in California. *Bulletin of the Seismological Society of America*, **34** (4), 185–188.

Hamdan, J. and Bumham, C. (1996) The contribution of nutrients from parent material in three deeply weathered soils of Peninsular Malaysia. *Geoderma*, **74** (3–4), 219–233.

Hassan, S., Ishiga, H., Roser, B., Dozen, K. and Naka, T. (1999) Geochemistry of Permian–Triassic shales in the Salt Range, Pakistan: Implications for provenance and tectonism at the Gondwana margin. *Chemical Geology*, **158** (3–4), 293–314.

Heidke, J. M. and Miksa, E. J. (2000) Correspondence and discriminant analyses of sand and sand temper compositions, Tonto Basin, Arizona. *Archaeometry*, **42** (2), 273–299.

Hiesinger, H. and Head, J. W. (2006) New views of lunar geoscience: An introduction and overview. *Reviews in mineralogy and geochemistry*, **60**, 1.

Irvine, T. N. and Baragar, W. (1971) A guide to the chemical classification of the common volcanic rocks. *Canadian Journal of Earth Sciences*, **8** (5), 523–548.

石賀裕明・道前香緒里・古谷英之・三瓶良和・武蔵野実 (1997) 地球化学的にみた西南日本の下部白亜系と韓半島の慶尚層群の後背地地質体の関係と堆積環境. 地質学論集, **48**, 120–131.

Katz, J. N. and King, G. (1999) A statistical model for multiparty electoral data. *American Political Science Review*, **93** (1), 15–32.

Klovan, J. and Imbrie, J. (1971) An algorithm and FORTRAN-IV program for large scale Q-mode factor analysis and calculation of factor scores. *Journal of the International Association of Mathematical Geology*, **3**, 61–77.

小林靖広・高木秀雄・加藤潔・山後公二・柴田賢 (2000) 日本の古生代花崗岩類の岩石化学的性質とその対比. 地質学論集, **56**, 65–88.

国立天文台編 (2022) 理科年表, 丸善出版.

Lee, Y. I. (2002) Provenance derived from the geochemistry of late Paleozoic–early Mesozoic mudrocks of the Pyeongan Supergroup, Korea. *Sedimentary Geology*, **149** (4), 219–235.

Li, G., Shen, Y. and Batten, D. J. (2007) *Yanjiestheria*, *Yanshania* and the development of the *Eosestheria* conchostracan fauna of the Jehol Biota in China. *Cretaceous Research*, **28** (2), 225–234.

Malinverno, A. (1997) On the power law size distribution of turbidite beds. *Basin Research*, **9** (4), 263–274.

Martín-Fernández, J., Barceló-Vidal, C. and Pawlowsky-Glahn, V. (2000) Zero replacement in compositional data sets. in Kiers, H., Rasson, J. P., Groenen, P. and Shader, M. eds. *Data analysis, classification, and related methods*, pp. 155–160, Springer.

Martín-Fernández, J. A., Barceló-Vidal, C. and Pawlowsky-Glahn, V. (2003) Dealing with zeros and missing values in compositional data sets using nonparametric imputation. *Mathematical Geology*, **35**(3), 253–278.

McAlister, D. (1879) The law of the geometric mean. *Proceedings of the Royal Society of London*, **29** (196–199), 367–376.

McLennan, S. M. (2001) Relationships between the trace element composition of sedimentary rocks and upper continental crust. *Geochemistry, Geophysics, Geosystems*, **2** (4), 2000GC000109.

武蔵野実 (1992) 砂岩の化学組成と堆積造構場, とくに非調和元素に関して 1 丹波帯・超丹波帯, 舞鶴帯の砂岩を例として (変動帯における砕屑岩類の組成と起源, 日本列島を例として). 地質学論集, **38**, 85–97.

中西寛子 (2003) 都道府県別選挙得票率からわかること：統計的データ分析の例として. オペレーションズ・リサーチ, **48**, 17–22.

Nesbitt, H. and Young, G. (1982) Early Proterozoic climates and plate motions inferred from major element chemistry of lutites. *Nature*, **299** (5885), 715–717.

Nicholls, J. (1988) The statistics of Pearce element diagrams and the Chayes closure problem. *Contributions to Mineralogy and Petrology*, **99** (1), 11–24.

Niggli, P. (1954) *Rocks and mineral deposits*, WH Freeman.

Ohta, T. (2004) Geochemistry of Jurassic to earliest Cretaceous deposits in the Nagato Basin, SW Japan: Implication of factor analysis to sorting effects and provenance signatures. *Sedimentary Geology*, **171** (1–4), 159–180.

Ohta, T. (2008) Measuring and adjusting the weathering and hydraulic sorting effects for rigorous provenance analysis of sedimentary rocks: A case study from the Jurassic Ashikita Group, south-west Japan. *Sedimentology*, **55** (6), 1687–1701.

Ohta, T. and Arai, H. (2007) Statistical empirical index of chemical weathering in igneous rocks: A new tool for evaluating the degree of weathering. *Chemical Geology*, **240** (3–4), 280–297.

Ohta, T., Li, G., Hirano, H., Sakai, T., Kozai, T., Yoshikawa, T. and Kaneko, A. (2011a) Early Cretaceous terrestrial weathering in Northern China: Relationship between paleoclimate change and the phased evolution of the Jehol Biota. *The Journal of Geology*, **119** (1), 81–96.

Ohta, T., Arai, H. and Noda, A. (2011b) Identification of the unchanging reference component of compositional data from the properties of the coefficient of variation. *Mathematical Geosciences*, **43** (4), 421–434.

Okada, H. (1971) Classification of sandstone: Analysis and proposal. *The Journal of Geology*, **79** (5), 509–525.

Pawlowsky-Glahn, V. and Egozcue, J. J. (2001) Geometric approach to statistical analysis on the simplex. *Stochastic Environmental Research and Risk Assessment*, **15** (5), 384–398.

Pawlowsky-Glahn, V., Egozcue, J. J. and Tolosana-Delgado, R. (2015) *Modeling and analysis of compositional data*, John Wiley & Sons.

Pearce, T. (1968) A contribution to the theory of variation diagrams. *Contributions to Mineralogy and Petrology*, **19** (2), 142–157.

Pearson, K. (1897) Mathematical contributions to the theory of evolution: On a form of spurious correlation which may arise when indices are used in the measurement of organs. *Proceedings of the Royal Society of London*, **60** (359–367), 489–498.

Reyment, R. A. (1989) Compositional data analysis. *Terra Nova*, **1** (1), 29–34.

Russell, J. and Nicholls, J. (1988) Analysis of petrologic hypotheses with Pearce element ratios. *Contributions to Mineralogy and Petrology*, **99** (1), 25–35.

Schedl, A. (1998) Log ratio methods for establishing a reference frame for chemical change. *The Journal of Geology*, **106** (2), 211–219.

Sharma, A. and Rajamani, V. (2000) Major element, REE, and other trace element behavior in amphibolite weathering under semiarid conditions in southern India. *The Journal of Geology*, **108** (4), 487–496.

Sheldon, N. D. and Tabor, N. J. (2009) Quantitative paleoenvironmental and paleoclimatic reconstruction using paleosols. *Earth-Science Reviews*, **95** (1–2), 1–52.

Simpson, E. H. (1951) The interpretation of interaction in contingency tables. *Journal of the Royal Statistical Society: Series B (Methodological)*, **13** (2), 238–241.

Stanley, C. and Russell, J. (1989) Petrologic hypothesis testing with Pearce element ratio diagrams: Derivation of diagram axes. *Contributions to Mineralogy and Petrology*, **103** (1), 78–89.

Sun, G. (2001) *Early Angiosperms and their associated plants from western Liaoning, China*, Shandong Science and education Press.

Tangri, D. and Wright, R. (1993) Multivariate analysis of compositional data: Applied comparisons favour standard principal components analysis over Aitchison's loglinear contrast method. *Archaeometry*, **35** (1), 103–112.

Thió-Henestrosa, S. and Martín-Fernández, J. A. (2005) Dealing with compositional data: The freeware CoDaPack. *Mathematical Geology*, **37** (7), 773–793.

Wardrop, R. L. (1995) Simpson's paradox and the hot hand in basketball. *The American Statistician*, **49** (1), 24–28.

Weltje, G. J. (2002) Quantitative analysis of detrital modes: Statistically rigorous confidence regions in ternary diagrams and their use in sedimentary petrology. *Earth-Science Reviews*, **57** (3–4), 211–253.

Westbrooke, I. (1998) Simpson's paradox: An example in a New Zealand survey of jury composition. *Chance*, **11** (2), 40–42.

White, A. F., Bullen, T. D., Schulz, M. S., Blum, A. E., Huntington, T. G. and Peters, N. E. (2001) Differential rates of feldspar weathering in granitic regoliths. *Geochimica et Cosmochimica Acta*, **65** (6), 847–869.

Whitten, E. T. (1975) Appropriate units for expressing chemical composition of igneous rocks. *Geological Society of America Memoirs*, **142**, 283–308.

Woronow, A. and Love, K. M. (1990) Quantifying and testing differences among means of compositional data suites. *Mathematical Geology*, **22** (7), 837–852.

Wyatt, G. J. (2005) Government consumption and industrial productivity: Scale and compositional effects. *Journal of Productivity Analysis*, **23** (3), 341–357.

矢野恒太記念会 (2022) 日本国勢図会 2022/23．公益財団法人矢野恒太記念会.

Zhou, Z. (2006) Evolutionary radiation of the Jehol Biota: Chronological and ecological perspectives. *Geological Journal*, **41** (3–4), 377–393.

Zhou, Z. (2014) The Jehol Biota, an Early Cretaceous terrestrial Lagerstätte: New discoveries and implications. *National Science Review*, **1** (4), 543–559.

Zhou, Z., Clarke, J., Zhang, F. and Wings, O. (2004) Gastroliths in Yanornis: An indication of the earliest radical diet-switching and gizzard plasticity in the lineage leading to living birds? *Naturwissenschaften*, **91** (12), 571–574.

◆ 索　　引 ◆

欧　文

ア　行

カ　行

サ　行

タ　行

ハ　行

ラ　行

ワ　行

著者略歴

太田　亨（おおた　とおる）

1975年　福島県に生まれる
2004年　早稲田大学大学院理工学研究科環境資源及材料理工学専攻博士後期課程修了
現　在　早稲田大学教育・総合科学学術院教授
博士（理学）

組成データ解析入門
―パーセント・データの問題点と解析方法―　定価はカバーに表示

2023年6月1日　初版第1刷

著　者　太　田　　亨
発行者　朝　倉　誠　造
発行所　株式会社　朝　倉　書　店
東京都新宿区新小川町6-29
郵便番号　162-8707
電　話　03(3260)0141
FAX　03(3260)0180
https://www.asakura.co.jp

〈検印省略〉

中央印刷・渡辺製本

ISBN 978-4-254-12288-6　C 3041　Printed in Japan

医学統計学シリーズ 1 新版 統計学のセンス
―デザインする視点・データを見る目―

丹後 俊郎 (著)

A5 判／176 頁　978-4-254-12882-6 C3341　定価 3,520 円（本体 3,200 円＋税）

好評の旧版に加筆・アップデート。データを見る目を磨き，センスある研究の遂行を目指す〔内容〕randomness ／統計学的推測の意味／研究デザイン／統計解析以前のデータを見る目／平均値の比較／頻度の比較／イベント発生迄の時間の比較

医学統計学シリーズ 5 新版 無作為化比較試験 ―デザインと統計解析―

丹後 俊郎 (著)

A5 判／264 頁　978-4-254-12881-9 C3341　定価 4,950 円（本体 4,500 円＋税）

好評の旧版に加筆・改訂。〔内容〕原理／無作為割り付け／目標症例数／群内・群間変動に係わるデザイン／経時的繰り返し測定／臨床的同等性・非劣性／グループ逐次デザイン／複数のエンドポイント／ブリッジング試験／欠測データ

入門 統計的因果推論

J. Pearl ･M. Glymour･N.P. Jewell(著) ／落海 浩 (訳)

A5 判／200 頁　978-4-254-12241-1 C3041　定価 3,630 円（本体 3,300 円＋税）

大家 Pearl らによる入門書。図と言葉で丁寧に解説。相関関係は必ずしも因果関係を意味しないことを前提に，統計的に原因を推定する。〔内容〕統計モデルと因果モデル／グラフィカルモデルとその応用／介入効果／反事実とその応用

R で学ぶ マルチレベルモデル ［入門編］
―基本モデルの考え方と分析―

尾崎 幸謙･川端 一光･山田 剛史 (編著)

A5 判／212 頁　978-4-254-12236-7 C3041　定価 3,740 円（本体 3,400 円＋税）

無作為抽出した小学校からさらに無作為抽出した児童を対象とする調査など，複数のレベルをもつデータの解析に有効な統計手法の基礎的な考え方とモデル（ランダム切片モデル／ランダム傾きモデル）を理論・事例の二部構成で実践的に解説。

R で学ぶ マルチレベルモデル ［実践編］ ―Mplus による発展的分析―

尾崎 幸謙･川端 一光･山田 剛史 (編著)

A5 判／264 頁　978-4-254-12237-4 C3041　定価 4,620 円（本体 4,200 円＋税）

姉妹書［入門編］で扱った基本モデルからさらに展開し，一般化線形モデル，縦断データ分析モデル，構造方程式モデリングへマルチレベルモデルを適用する。学級規模と学力の関係，運動能力と生活習慣の関係など 5 編の分析事例を収載。

空間解析入門 ―都市を測る・都市がわかる―

貞広 幸雄・山田 育穂・石井 儀光 (編)

B5 判／184 頁　978-4-254-16356-8 C3025　定価 4,290 円（本体 3,900 円＋税）

基礎理論と活用例〔内容〕解析の第一歩（データの可視化，集計単位変換ほか）／解析から計画へ（人口推計，空間補間・相関ほか）／ネットワークの世界（最短経路，配送計画ほか）／さらに広い世界へ（スペース・シンタックス，形態解析ほか）

データビジュアライゼーション ―データ駆動型デザインガイド―

Andy Kirk(著)／黒川 利明 (訳)

B5 判／296 頁　978-4-254-10293-2 C3040　定価 4,950 円（本体 4,500 円＋税）

“Data Visualisation: A Handbook for Data Driven Design” 第 2 版の翻訳。豊富な事例で学ぶ，批判的思考と合理的な意思決定による最適なデザイン。チャートの選択から配色・レイアウトまで，あらゆる決定に根拠を与える。可視化ツールに依存しない普遍的な理解のために！　オールカラー。

Python インタラクティブ・データビジュアライゼーション入門 ―Plotly/Dash によるデータ可視化と Web アプリ構築―

@driller・小川 英幸・古木 友子 (著)

B5 判／288 頁　978-4-254-12258-9 C3004　定価 4,400 円（本体 4,000 円＋税）

Web サイトで公開できる対話的・探索的（読み手が自由に動かせる）可視化を Python で実践。データ解析に便利な Plotly，アプリ化のためのユーザインタフェースを作成できる Dash，ネットワーク図に強い Dash Cytoscape を具体的に解説。

実践 Python ライブラリー はじめての Python & seaborn ―グラフ作成プログラミング―

十河 宏行 (著)

A5 判／192 頁　978-4-254-12897-0 C3341　定価 3,300 円（本体 3,000 円＋税）

作図しながら Python を学ぶ〔内容〕準備／いきなり棒グラフを描く／データの表現／ファイルの読み込み／ヘルプ／いろいろなグラフ／日本語表示と制御文／ファイルの実行／体裁の調整／複合的なグラフ／ファイルへの保存／データ抽出と関数

pandas クックブック ―Python によるデータ処理のレシピ―

Theodore Petrou (著)／黒川 利明 (訳)

A5 判／384 頁　978-4-254-12242-8 C3004　定価 4,620 円（本体 4,200 円＋税）

データサイエンスや科学計算に必須のツールを詳説。〔内容〕基礎／必須演算／データ分析開始／部分抽出／ boolean インデックス法／インデックスアライメント／集約，フィルタ，変換／整然形式／オブジェクトの結合／時系列分析／可視化

上記価格は 2023 年 5 月現在